U0232794

中国科普大奖图书典藏书系

数学五千年

刘健飞　张正齐◎著

长江出版传媒　湖北科学技术出版社

图书在版编目（CIP）数据

数学五千年/ 刘健飞，张正齐著. —武汉：湖北
科学技术出版社，2017.12
ISBN 978-7-5352-9885-0

Ⅰ.①数… Ⅱ.①刘… ②张… Ⅲ.①数学史—世界
—青少年读物 Ⅳ.①O11-49

中国版本图书馆 CIP 数据核字（2017）第 291631 号

数学五千年
SHUXUE WUQIANNIAN

责任编辑：刘　辉　兰季平　　　　　　　　　封面设计：胡　博

出版发行：湖北科学技术出版社　　　　　　　电话：027－87679468
地　　址：武汉市雄楚大街 268 号　　　　　　邮编：430070
　　　　　（湖北出版文化城 B 座 13—14 层）
网　　址：http://www.hbstp.com.cn

印　　刷：仙桃市新华印务有限责任公司　　　　邮编：433000

710×1000　　1/16　　　　　　14.625 印张　　2 插页　　215 千字
2018 年 5 月第 1 版　　　　　　　　　　　2018 年 5 月第 1 次印刷
　　　　　　　　　　　　　　　　　　　　　　定价：36.00 元

本书如有印装质量问题　可找本社市场部更换

总　序
ZONGXU

　　我热烈祝贺"中国科普大奖图书典藏书系"的出版！"空谈误国，实干兴邦。"习近平同志在参观《复兴之路》展览时讲得多么深刻！本书系的出版，正是科普工作实干的具体体现。

　　科普工作是一项功在当代、利在千秋的重要事业。1953年，毛泽东同志视察中国科学院紫金山天文台时说："我们要多向群众介绍科学知识。"1988年，邓小平同志提出"科学技术是第一生产力"，而科学技术研究和科学技术普及是科学技术发展的双翼。1995年，江泽民同志提出在全国实施科教兴国战略，而科普工作是科教兴国战略的一个重要组成部分。2003年，胡锦涛同志提出的科学发展观既是科普工作的指导方针，又是科普工作的重要宣传内容；不是科学的发展，实质上就谈不上真正的可持续发展。

　　科普创作肩负着传播知识、激发兴趣、启迪智慧的重要责任。"科学求真，人文求善"，同时求美，优秀的科普作品不仅能带给人们真、善、美的阅读体验，还能引人深思，激发人们的求知欲、好奇心与创造力，从而提高个人乃至全民的科学文化素质。国民素质是第一国力。教育的宗旨，科普的目的，就是为了提高国民素质。只有全民的综合素质提高了，中国才有可能屹立于世界民族之林，才有可能实现习近平同志最近提出的中华民族的伟大复兴这个中国梦！

　　新中国成立以来，我国的科普事业经历了：1949—1965年的创立与发展阶段；1966—1976年的中断与恢复阶段；1977—

1990 年的恢复与发展阶段;1990—1999 年的繁荣与进步阶段;2000 年至今的创新发展阶段。60 多年过去了,我国的科技水平已达到"可上九天揽月,可下五洋捉鳖"的地步,而伴随着我国社会主义事业日新月异的发展,我国的科普工作也早已是一派蒸蒸日上、欣欣向荣的景象,结出了累累硕果。同时,展望明天,科普工作如同科技工作,任务更加伟大、艰巨,前景更加辉煌、喜人。

"中国科普大奖图书典藏书系"正是在这 60 多年间,我国高水平原创科普作品的一次集中展示。书系中一部部不同时期、不同作者、不同题材、不同风格的优秀科普作品生动地反映出新中国成立以来中国科普创作走过的光辉历程。为了保证书系的高品位和高质量,编委会制定了严格的选编标准和原则:一、获得图书大奖的科普作品、科学文艺作品(包括科幻小说、科学小品、科学童话、科学诗歌、科学传记等);二、曾经产生很大影响、入选中小学教材的科普作家的作品;三、弘扬科学精神、普及科学知识、传播科学方法,时代精神与人文精神俱佳的优秀科普作品;四、每个作家只选编一部代表作。

在长长的书名和作者名单中,我看到了许多耳熟能详的名字,备感亲切。作者中有许多我国科技界、文化界、教育界的老前辈,其中有些已经过世;也有许多一直为科普事业辛勤耕耘的我的同事或同行;更有许多近年来在科普作品创作中取得突出成绩的后起之秀。在此,向他们致以崇高的敬意!

科普事业需要传承,需要发展,更需要开拓、创新! 当今世界的科学技术在飞速发展、日新月异,人们的生活习惯和工作节奏也随着科学技术的进步在迅速变化。新的形势要求科普创作跟上时代的脚步,不断更新、创新。这就需要有更多的有志之士加入到科普创作的队伍中来,只有新的科普创作者不断涌现,新的优秀科普作品层出不穷,我国的科普事业才能继往开来,不断焕发出新的生命力,不断为推动科技发展、为提高国民素质做出更好、更多、更新的贡献。

"中国科普大奖图书典藏书系"承载着新中国成立60多年来科普创作的历史——历史是辉煌的，今天是美好的！未来是更加辉煌、更加美好的。我深信，我国社会各界有志之士一定会共同努力，把我国的科普事业推向新的高度，为全面建成小康社会和实现中华民族的伟大复兴做出我们应有的贡献！"会当凌绝顶，一览众山小"！

中国科学院院士
华中科技大学教授　　杨叔子　二○一二·九·廿八

我们中华民族正面临着新的腾飞,科学和教育应当成为强有力的羽翼。加强科学教育,造就大批富于进取精神和创造才能的科技人才,提高全民族的文化科学知识水平,是我们每一个关心这项事业的人义不容辞的重大责任。目前在各级学校里,教师工作不可谓不勤奋,学生们学习不可谓不刻苦,但是,怎样使学生的创造精神喷泉般涌现,却是使教师、学生以及家长普遍感到焦虑的。

呈现在青少年读者面前的这本《数学五千年》是一个尝试,它试图为课本上那些似乎很刻板、很枯燥的公式、定理构成的数学知识,展现一幅生动的历史背景,在青少年读者面前展开更广阔的知识视野。从表面上看,数学好像是板着一副严峻、无情的面孔。但是,它植根于人类改造自然、改造社会的深厚土壤里,它的每一圈"年轮",都凝聚着人类最富想象力的创造和探索,其间的每一项成就都是以无数次的挫折和失败为代价,每一次进步都是历经艰辛、曲折的跋涉而实现的。尤其令人感奋的是,我们中华民族在漫长的数学探索中取得过辉煌的成就。把课本上的数学知识放在这样一个历史背景下学习,将会激起青少年读者创造的欲望。基于此,我以为本书的作者向青少年读者普及数学史知识的努力是很有意义的,值得赞许的。

把一部数学史用浅显的、生动的、有趣的笔触普及给青少年读者,不是一件容易的事。本书的作者在54篇彼此关联而又各自独立成篇的短文中,

1

从远古时代数学的起源一直讲到现代,按照青少年读者的理解能力,勾勒了数学发展的历史概貌,着重介绍了那些具有里程碑意义的数学成就,穿插以许多生动、有趣的数学故事。同时,把中国古代的数学成就放在整个世界数学发展的历史中叙述,更鲜明地体现它应有的历史地位。爱国主义的激情,辩证唯物主义的观点,对数学家献身精神的赞美,寓于历史故事的娓娓叙述之中。看得出来,本书的作者是有着自己的刻意追求的。

我愿向青少年读者推荐这本书,并希望有更多更好的作品问世。

齐民友

1985 年 3 月 1 日于武昌珞珈山

目 录

1

数学起源于哪里

关于数学的起源，流传着一些古老而神奇的传说。

相传在非常非常遥远的古代，有一天，从黄河的波涛中忽然跳出一匹"龙马"来，马背上驮着一幅图，图上画着许多神秘的数学符号；后来，从波澜不惊的洛水里，又爬出一只"神龟"来，龟背上驮着一卷书，书中阐述了数的排列方法。马背上的图叫作"河图"，龟背上的书叫作"洛书"，"河图""洛书"①出现之后，数学也就诞生了。

在世界其他古代文明里，像这样把数学的起源归结为某种神灵力量的例子，也是屡见不鲜的。在古希腊，就有人把数分成"善"数和"恶"数，认为数字的规律正好体现了无所不知的上帝的智慧。另外，也有人认为数学起源于人的头脑，起源于古代圣贤们超人的智力……

这些说法都是错误的，因为它们都曲解了数学起源的本质。

那么，数学是怎样产生的？它起源于何时呢？

这可是些不易回答的问题。因为基本数学概念的原始积累过程，发生在人类创造出文字来记录自己的思想之前。不过，通过考察古代文物和研究近代某些原始部落人的生活，人们已经证实了这样一个结论：数学，同其

---

① 河图、洛书是古代流传下来的两幅图案，最早记录在《尚书》中，历代文献多有记述，被认为源于上古，是中华文化之源。河图、洛书的特点是数字性和对称性，反映着基本自然数之间的算术逻辑关系，蕴含着丰富的数学思想。

他的自然科学一样,起源于人们的生产实践,起源于人们的生活需要,起源于人类创造性的劳动之中!

一个没有"数"的世界是难以想象的。远古时代的人类曾为此吃尽了苦头:在一次次鲁莽的围猎中,当人们呐喊着扑上前去与兽群格斗时,却痛苦地发现,他们无法对付那么多凶猛的野兽;在一个个寒冷的冬夜,人们又沮丧地发现,他们贮藏的果实快要吃光了,而冬季却似乎长得没有尽期……

严峻的生活迫使人类审慎地考察事物的数量关系,渐渐地,人们变得聪明起来。只有在人众兽寡的场合,他们才会发出充满激情的呐喊;只有当果实堆得老高老高时,他们才会停止秋天里的采摘。也就是说,在漫长的生产、生活实践中,原始人类凭借经验的积累和直觉的帮助,逐渐朦胧地领悟了"多"与"少"的概念,逐渐能从整体上比较两类事物的多少,从而向认识事物的数量关系迈出了有意义的第一步。

随着工具的不断改革,随着氏族公社制度缓慢地形成,人类开始更多地接触到事物的数量问题,例如,要合理地分配狩猎的器具或者御寒的衣物,等等。可是,如同幼儿开始时数不清一、二、三一样,这时的人们还没有一、二、三的概念!

这些概念是怎样产生的呢?俄国数学家巴贝宁(1849—1919)认为,由于人通常用一只手拿一件物品,这就把"一"从"多"的概念中分离了出来,建立了由这两个概念构成的最初的计数法。

巴贝宁的解释是较为可信的,几百年前,曾经生活在巴西的保托库德原始部落人,就只会用"一"和"多"来计数。

在"一"的基础上,人们逐渐形成了"二"的概念。巴贝宁认为,这个概念是与人双手各拿一件物品联系在一起的。要表示"三"怎么办呢?人可没有第三只手啊!这的确是一道难题。后来,有人想了一个巧妙的主意,把第三件物品放在自己的脚边,从而顺利地解决了这个难题。

在美国纽约的博物馆里,珍藏着一件从秘鲁出土的古代文物,名叫基普,也就是打上了绳结的绳子。基普是干什么用的?它是古人用来记数和记事的。原来，随着生产的发展，人们需要计算越来越多的数，而人的手呢，经常要干别的活儿，不能老拿着物品记数或打手势，于是人们就设法用别的物体来代替要记数的事物，绳结呀，小石子呀，都成了人们记数的工具。

实际上，原始人类并没有意识到，当他们打绳结的时候，数学中已经发生了第一次抽象！打两个绳结，可以表示两只羊，也可以表示两把石斧，它们已经脱离了具体事物的束缚，具有更为广泛的含义，表示着一个抽象的数学概念"2"。这样，人类对数量关系的认识，也就迈出了决定性的一步。

人们继续寻找更方便的方法来记数。我国古书《周易·系辞》中记载："上古结绳而治，后世圣人，易之以书契。"意思是说，我们的祖先起初是用结绳的方法来记事表数的，后来，逐渐改用在兽骨或竹木等物体上刻画符号来代替结绳。这样就产生了最初的文字，产生了最初的数学符号。

比较一下古代几个文明社会的数字符号是十分有趣的。人们对前三个自然数的写法有着惊人的一致，也许，这正好说明了他们对数的认识有着极为相似的经历。

中　国	一　二　三
埃　及	❘　❘❘　❘❘❘
巴比伦	❯　❯❯　❯❯❯

从朦胧的"多"与"少"的概念到最初的数字符号，它不是神灵展示的奇迹，也不是圣人头脑的"自由创造"，而是原始人类极其艰苦的创造性劳动的产物。为了获得这些原始的数学概念，人类至少经历了数十万年的漫长岁月。

数学是研究客观世界数量关系和空间形式的科学。与数的概念的形成过程一样，人类关于"形"的概念，也经历了一个在实践基础上逐级抽象的漫长过程。

天上一个太阳，一个月亮。太阳圆圆的，月亮圆了又弯，弯了又圆。也许，远古时代的人类，正是由此获得了最原始的几何概念。天体的形状，平

3

静的湖泊,参天的古树,这些都是原始人类司空见惯的景象。他们千百万次地观察、比较这些熟悉事物的形状,逐渐认识了这些形状的特点,比如知道了满月和太阳的形状是相同的,而圆滑的山包与陡峭的山峰,在天幕上则勾勒出不同的轮廓线。再进一步,他们又用这种认识来指导自己创造性的劳动实践,制造出像太阳一样圆圆的车轮,整理出像湖面一样平平的房基……

在制造日常生活用品的长期劳动中,人们又逐渐深刻地了解了他们努力模仿的各种形状,逐渐抽象出最初的几何概念。比如,在无数次来来往往中力求发现最短的路径时,在千万次绷紧弓弦、拉直草绳时,他们终于获得了"直线"的抽象概念,而当人们按照"三角形"的概念,建成一座规则的四棱锥形房屋的时候,他们更是创造了一个自然界还未曾有过的几何形体。

在我国西安的半坡村,有一座原始村落的遗址,那里曾经居住着距今6000多年的新石器时代的人类。在这个占地约5万平方米的原始村落中心,是一间面积约160平方米的长方形大屋(可能是这个氏族公社的公共活动场所),周围分布着200多间小屋,面积都在20平方米左右,呈圆形或方形等规则的几何形状。遗址中出土了许多彩陶器皿,上面涂绘着各种圆形的、正方形的、三角形的和对称涡纹形的几何图案,精巧匀称,精彩纷呈,展示了原始人类创造的数学奇观。

根据半坡遗址复原的圆形房子

漫长的6000多年过去了,半坡村历经沧桑,然而,遗留在这里的每一件几何形体,都以我们完全可以理解的数学语言,向我们讲述着原始人类在劳动中创造数学的动人故事。

最美妙的数学发明

人类的文明发源于几条大河流域。中国的黄河、长江,巴比伦的幼发拉底河、底格里斯河,埃及的尼罗河,印度的印度河、恒河,都是人类古文明的摇篮。数学,最初也是从这些地方萌芽的。

在这些江河流域,有着肥沃的河谷、富庶的牧场和漫长的海岸线,为远古人类发展经济提供了得天独厚的环境,为劳动的分工和剩余产品的积累提供了有利的条件,促进了原始共产主义社会分化的过程。大约在 5000 年前,定居在这里的人们就已逐渐建立起城市,继而建立起国家,率先进入了奴隶制社会。

在早期奴隶制社会里,由于生产力水平低下,人们的生活在很大程度上还得依赖于周围的环境。在四大文明古国里,自然条件不尽相同,由此导致对大自然和社会生活发展的考察也不尽相同,发展科学文化的方式也不尽相同。然而,任何一个民族要发展,要努力成为大自然的主人,就势必要发展他们的数学。正是这种生活的需要,促使古代的人们去深入研究数学,并在创造性的劳动实践中,把数学研究推进到一个新的历史时期——数学的萌芽时期。

数学的萌芽时期是一个漫长的历史过程。

数学的发展,如同当时社会生产的发展一样,是极其缓慢的。几乎每一个新的数学概念的形成,每一个新的数学公式的建立,都经历了上百年,甚至上千年的反复实践过程。

随着生产的逐渐发展,人们制造出了越来越多的产品,也就需要越来越多的数来记录它们,因而逐渐发明出越来越多的数字符号。比如在古埃及,人们就发明了好几套符号来记录数字,其中下面这套符号最为有趣:

个　　十　　百　　千　　万　　十万　　百万

100万!这可是个不小的数目,大概古埃及人也为有这么庞大的数目感到吃惊,若不然,怎么这个符号会酷像一个人惊讶地举起了双手呢?

有了这些符号,古埃及人就可以表示他们需要表示的任何自然数了。比如说,要表示3664,他们可以写出这样一串符号:

这串符号准确地表示了数目3664,缺点是过于繁复冗长了。造成这种缺陷的原因,在于古埃及人虽然采用了"进位制"的记数方法,但还没有获得"位值制"的数学思想。

什么是"进位制",什么是"位值制"呢?我们不妨分析一下现在最常用的记数方法:它是"十进位值制"的,有以下两个特点。

第一,它是十进制的。即逢十进一,也就是说,10个1记成10,10个10记成100,等等。显然,古埃及人也采用了十进制的记数方法。

第二,它是位值制的。也就是说,一个数码表示什么数,要由它所处的位置来决定。比如在3664中,靠右边的一个6在十位上,表示有6个10;而靠左边的那个6在百位上,它表示6个100。3664也就是 $3 \times 1000 + 6 \times 100 + 6 \times 10 + 4$。

位值制是千百年人类智慧的结晶,它使得人们能用少数简单的记号来代替复杂难记的符号,能用少数的记号来表示全部的数,为人们深入研究客观事物的数量关系创造了有利的条件。马克思(1818—1883)曾高度评价位值制的出现,还称赞它是"最美妙的数学发明"呢!

古巴比伦人很早就懂得了位值制的道理。他们的记数法是位值制的,不过是60进位值制的。所谓60进位制,就是数计满六十才向高位进一。在现代的钟表上,1分等于60秒,1小时等于60分,还留有这种进位制的痕迹。

古巴比伦人的文字非常奇特,他们用一种断面呈三角形的小木条当笔,在泥板上按不同方向刻出楔形刻痕,因此这种文字叫作楔形文字。

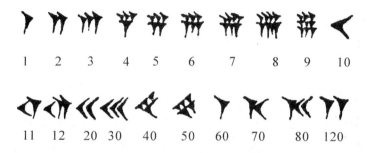

楔形文字的整数写法

用楔形文字表示3664,记号是 ▶▶▶▶。这是一个"三位数",其中,中间的那个 ▶ 是"十"位数,表示60;由于位置的不同,左边那个 ▶ 是"百"位数,表示60个60,即3600。合起来就是 $1 \times 3600 + 1 \times 60 + 4$。显而易见,由于采用了位值制,古巴比伦人的数字符号比古埃及人要简洁得多。

当然,古巴比伦的数字符号也不是尽善尽美的。首先是符号过于相近,比如 ▩ 和 ▩,都是密密麻麻的楔形刻痕,令人难以分辨。另外,符号所在的位置也不易辨认,比如用楔形文字表示124,记号也是 ▶▶▶▶。它是一个"两位数",即 $2 \times 60 + 4$。这里的两个 ▶ 都是表示60的,因而在实际应用中,很难分清这个记号是表示124呢,还是表示3664。

7

公元初年居住在中美洲的玛雅部族，也是一个懂得位值制的民族。他们的记数方法是 20 进位值制的,这大概同他们早期用手指和脚趾合起来记数有关。玛雅文明的数字符号也十分有趣:

玛雅人的整数记法

也许,这些小圆点、小横杠,就是玛雅人早先用来记数的小石子和小木棒的形象呢!

我国是世界上最早发明"十进位值制记数法"的国家。1889 年,河南安阳出土了一批古代文物,里面有许多龟甲和兽骨,上面刻有许多象形文字,那是 3000 多年前的殷代文字,叫甲骨文。有片龟甲上刻着这样一段话:"八日辛亥允戈伐二千六百五十六人。"意思是说,在 8 日辛亥那天的战斗中,消灭了 2656 个敌人。这段话清楚地表明,至少在 3000 年前,古代中国人已经采用了十进位值制的记数方法,而这种方法同现代人们采用的方法是完全一致的。

在古代中国,无论是用口语还是用文字表达的数,都是遵守位值制的。比如"三千六百六十四",这个数中的"千""百""十",就是用来表示每个字前面数码的位置的。如果省略了这些字,单说"三六六四",人们还是可以从位值制上理解成 3664,绝不会理解成其他的什么数。显然,这种记数方法不仅利于记数,也利于进行数的四则运算,这在当时是世界上最先进的。

后来我国人民改用算筹来记数,十进位值制就更加明确了。所谓"筹",就是一般粗细、一般长短的小竹棍,在没有发明纸张和算盘之前,它是我国古代的计算工具。用算筹来表示数目有纵横两种方式:

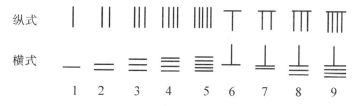

纵式

横式

1　2　3　4　5　6　7　8　9

算筹的两种基本摆法

怎样用算筹来表示多位数呢？古书《孙子算经》上说："一纵十横，百立千僵，千十相望，万百相当。"比如四位数 3664，用算筹表示出来就是三丅⊥||||，其中个位、百位用纵式，十位、千位用横式。算筹的纵横交错摆放，准确地指示了各个数码所在的位置，而且不易混淆，轻巧灵活地解决了古巴比伦人没能解决的难题，显示了我国古代人民高超的数学才能。

零号是位值制的精髓。没有表示零的方法，位值制的记数方法就不完备。古巴比伦人虽然很早就获得了位值制的思想，但缺乏适当的零号；印度人正式使用现在的符号"0"已是公元 876 年以后的事了，而我国古代数学家通过摆弄算筹，轻而易举地获得了这项极其重要的发明。

在筹算中，空一格的地方就表示零，比如 3604，可以表示为三丅　||||。即使零在个位也无妨，比如 3660，可以记作三丅⊥，由于各位数字纵横相间，也就绝不会和 366(|||⊥丅)相混淆。

算筹，这些普普通通的小竹棍，在我们祖先手中竟像"魔棍"般展示了如此众多的数学奇迹，不能不使我们为祖国数学家的聪明才智感到由衷的骄傲。

记数方法是进行数字运算的基础。比较了几种古代文明的记数方法后，我们自豪地看到，在人类文化发展的早期，古代中国的数学成就远远领先于其他各国而居于世界的最前列。

9

楔形文字的故乡

　　由幼发拉底河与底格里斯河哺育的古巴比伦文明，是一个非常古老的东方文明。远在 5000 年前，两河流域就出现了许许多多的奴隶制城邦。著名的"古巴比伦王国"建立于公元前 1894 年，它是四大文明古国之一。王国的首都是巴比伦城，位于幼发拉底河中游东岸、现在的伊拉克首都巴格达城南 88 公里处。

　　历史上，两河流域的统治民族迭经更换，巴比伦古城也曾几经荣衰。早在公元前 18 世纪，巴比伦城就已是一个发达的贸易中心；公元前 7 世纪，在"新巴比伦王国"时期，重建后的巴比伦城更是达到了高度的繁华。但在公元前 538 年，当强大的波斯帝国征服巴比伦后，巴比伦城就日趋衰败了，公元前 331 年，那里又成为马其顿部族的军营，不久，城里的大部分居民被逐出了家园，城池更加破败，至公元前 2 世纪，备受摧残的巴比伦古城便彻底从两河流域消失了。

　　巴比伦古城消失了，但它鼎盛时的风采，却长久地铭刻在后来人们的记忆中；两河流域人民创造的伟大文明，更是以众多近乎神话的传说，活跃在其他民族的语言文字中。可是，千百年来，人们也只能通过其他民族的记载来揣度古巴比伦人民的巨大成就，各种真实的、杜撰的故事杂糅在传说之中，是耶非耶，扑朔迷离。

　　100 多年前，由于文物考古的重大发现，人们终于读到了古代两河流域人民撰写的文献。那时,他们用黏土作为书写的材料,书写文献时,先将小木棍的一端削成楔形,然后用它在软泥板上压出各种不同的刻痕。软泥板晒干或者烧干以后,就变成了一块坚硬如铁的"泥书"。每块泥板重约1千克,现在已经发现了大约50万块。这些在地下沉睡了数千年的泥板,以它独特的楔形文字,真实地记述了古巴比伦人民的天才创造,生动地再现了巴比伦王国鼎盛时的风采。

在四大文明古国中,古巴比伦人获得数学知识是较早的。在遥远的古代,两河流域人民利用当地优越的自然条件,在土地上均匀地扩充了灌溉,因而有着较为发达的农业。农产品的丰富继而促进了商业贸易的迅速发展,当时,各种谷物通过巴比伦城源源不断地输出给邻近的国家。而商业的兴盛,不仅促进了城市的繁荣,也带来了货币制度的发展,促使古巴比伦人很早就从数学领域获得了实际的知识。据记载,早在5000年前,居住在两河流域的苏美尔人,就已经知道使用账单、票据,有了较为发达的商业数学。

古巴比伦人熟练地掌握了算术四则题的演算。他们的乘法大体与我们现代的方法相同,而除法,则是根据倒数乘法的法则来进行。因为这种方法需要把数分解成它的因数之积,古巴比伦人采用的60进位制的优越性就显露出来了。60进位制的基数60是2、3、4、5、6、10、12、15、20、30诸数的倍数,也就在很大程度上可使这种除法运算得到简化。因此有人认为,古巴比伦人之所以采用60进位制,就是因为它的基数60有如此良好的数学性质的缘故。

在一批制作于4000年前的泥板中,发现了一些数学用表,有平方表、平方根表,还有立方表、立方根表。这些数表是干什么用的呢?

原来,古巴比伦人还研究了数的开平方和开立方运算,但是运算方法太复杂了,应用起来不大方便,于是他们干脆编制了这些数表,需要开方时直接去查这些现成的数表,从而避开了那些复杂的运算。这也体现了古巴比伦人是很注重数学知识的实际应用的。

古巴比伦的代数也较为发达。有块制作于公元前18世纪的泥板,记载了这样一个问题:"两个正方形面积的和是 10000,其中一个的边长比另一个边长的 2/3 少 10。这两个正方形的边长各是多少?"这相当于解联立方程组

$$\begin{cases} x^2 + y^2 = 10000 \\ y = \dfrac{2}{3}x - 10 \end{cases}。$$

书中叙述的解题步骤是:"平方 10,得到 100;1000 减去 100,得到 900……"虽然这种解法仅限于指出某些简单的数字关系,但他们毕竟得到了答案。这些应用问题的解决,表明古巴比伦人已经发现解二次方程的经验公式。也有人说,古巴比伦人实际上已经知道二次方程的求根公式,不过他们还弄不清负数是些什么东西,遇到负根时,总是把它略去了。

在古巴比伦义化发展过程中,天文学的需要是推动数学发展的重要原因之一。

在一切古代文明中,天文学总是发展较早的一门科学。无论是从事农业耕作的人们,还是从事畜牧业的游牧民族,都必须掌握四季更换的规律,而发亮的夜空又是当时唯一的灯塔,为夜间赶路的商队指点着所需的方位。这种生产、生活上的需要,使古巴比伦人留神地观察天空,注意日月星辰的运行,逐渐积累了丰富的知识。

古巴比伦人很早就发现了行星的存在,还编制了非常详细的星辰分布图,将天空分为星座,其中他们分黄道星座为 12 宫,并以巨蟹、天蝎等来命名的做法,还一直流传至今呢。在新巴比伦王国时期,他们又发现了能预测日食和月食的"沙罗周期",更是为天文学的发展作出了巨大的贡献。相传古希腊数学家泰勒斯曾经通过预告日食,劝止了两个国家的战争,而泰勒斯推算日食的依据,正是古巴比伦人发现的沙罗周期。

古巴比伦人很好地研究了月球的运动,发明了世界上最早的阴历。他们根据月相圆缺的规律,把 1 年分为 12 个月,6 个月每月 30 天,另外 6 个月每月 29 天,全年共 354 天。这与地球绕太阳一周运行的时间相差 11 天多,他们就用闰月来补足。

天文学的发展推动了数学的发展,然而,天文学本身也只有借助于数学才能发展。

不论是编制星图还是制订历法,其前提都是要具备一定的数学知识;同时,它又促使人们去发展计算技能和引进更加复杂的数学概念。比如,古巴比伦人的天文观察,就促使他们较早地认识了球面三角学的概念。顺便说一句,我国古代著名的数学家,通常也都是出色的天文学家,进一步证实了这两门学科发展的密切联系。

总之,在楔形文字的故乡,算术和代数都发展到了相当高的程度,人们通过演算具体的问题,对抽象数学也有了部分的掌握。而且,凭借古巴比伦发达的商业贸易和优越的地理环境,这里产生的数学知识对其他民族,特别是对后来兴起的古希腊文明,产生过积极的影响,为世界数学的发展作出了有意义的贡献。

尼罗河畔的奇迹

　　尼罗河像一条绿色的巨龙,蜿蜒盘桓在古埃及万里荒漠之上。奔腾的河水定期泛滥,给大河两岸留下了肥沃的淤泥,留下了生命的绿色,留下了收获的希望,哺育了另一个古老的东方文明——埃及文明。

　　远在1万多年前,古埃及人民就生活在尼罗河河谷两边的高地上。公元前40世纪,随着农业和手工业的发展,尼罗河流域出现了40多个小型国家。公元前31世纪,上埃及国王美尼斯征服下埃及,建立了统一的古埃及王国。

　　尼罗河谷地的自然条件促进了埃及农业的顺利发展,尼罗河的洪水每年都给两岸的土地覆盖上新的淤泥,保障了谷物的丰收。然而,每当洪水退后,田地上原有的标记便荡然无存了,人们要重新测量土地的面积,勘定田亩的界限,于是,几何学便应运而生了。

　　要测量一块四边形田地的面积,早先,人们见仁见智,计算的方法因人而异;或繁或简,需要勘测的数据也不尽相同。但是,年复一年的洪水泛滥,年复一年的勘定测量,一个四边形,又一个四边形……在成千上万次相似图形的测量中,古埃及人积累了丰富的经验,逐渐变得聪明起来。他们不再重复大量不必要的工作,因为他们已经懂得,只要测量出四边形两组对边的长度,根据"四边形的面积,等于两组对边的和分别除以2,再相乘"这样一个数学公式,就可以粗略地计算出四边形的面积。

　　这些由生活经验中归纳得到的数学公式,叫作经验公式。虽然经验公式只是粗略的近似，但它们的出现，却标志着人类的认识经历了一次大的飞跃，说明人们已经能够从大小不尽相同的类似图形中，初步把握住它们的本质联系，抽象出一些普遍的法则，来指导同类数学问题的解答。而抽象，正是数学学科的本质特征之一，也是科学方法的威力之所在。

从这个角度出发，就不难看出古埃及人发明的矩形、梯形和圆等平面图形面积的计算法则，立方体、柱体等立体图形体积的计算法则，对数学的发展作出了多么大的贡献。

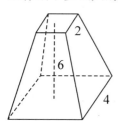

四棱台

同其他古代文明一样，古埃及的数学公式也是用文字表述的，而且常常包含在一些典型例题的解答之中。例如计算四棱台的体积，他们会这样说："若有人告诉你说，有四棱台，高为6，底为4，顶为2。你要取4的平方，得16；你要把4加倍，得8；你要取2的平方，得4；再把16、8和4加起来，得28；你要取6的1/3，得2；取28的2倍，得56。你看，得56，它是正确的。"这个典型例题的解答，不仅具体地告诉了这一个四棱台体积的计算方法，也表述了计算所有四棱台体积的一般法则。因为只要改变例题中相应的条件——高，上、下底边的边长，就可以计算出所有四棱台的体积。

我们不应当苛求生活在四五千年前的祖先。尽管这些数学公式表述得非常笨拙，但却如同璞玉浑金，稍加琢磨，便会闪烁出耀眼的光泽。如果用现代的数学符号表示古埃及人的四棱台体积计算公式，那就是：

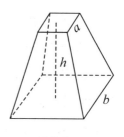

四棱台

$$V = \frac{1}{3}h(a^2 + ab + b^2)$$

其中 h 是高，a 和 b 分别是上、下底边的长。显然，这个公式不仅精确，而且还是对称的。它是古埃及几何学里最令人目眩的成就之一。

现代人们对古埃及文明的了解，主要来自对纸草书的研究。所谓纸草，是一种生长在尼罗河下游的水生植物。古时候没有纸，古埃及人把纸莎草

15

的茎切成细长的薄片,先放在水里浸,把水挤压出来后再放在太阳地里晒,晒干后再用力把它压平整,然后用削尖的芦苇秆蘸着颜料在上面写字。书写在纸莎草上面的文献就叫纸草书。

由于年代久远后,纸莎草会干裂成粉末,所以古埃及的文献绝少流传下来。现存的古埃及数学文献主要是两批纸草书,一批保存在英国,叫莱因特纸草书;另一批保存在俄国,叫莫斯科纸草书。这两批纸草书中共记录了110个数学问题和解答,很可能是作为一些典型例题和典型解法的示范而记下来的。

莱因特纸草书是世界上最古老的一本数学书,书中共有85个数学问题,其中最有趣的是第79题。

在书写第79题的位置上,书中仅仅给出了5个数:7、49、343、2401、16807,并在这些数的旁边,依次写着图、猫、老鼠、大麦、量器等字样。

由于第79题是书中唯一没有明确给出答案的数学问题,所以,这个题目究竟是什么意思,曾引起人们猜测纷纷。数学史专家康托尔(1877—1913)认为,第79题的意思是:

"有7个人,每人养7只猫,每只猫吃7只老鼠,每只老鼠吃7棵麦穗,每棵麦穗可以长成7个量器的大麦,问各有多少?"

经康托尔这么一解释,书中给出的那5个数,就正好成了题目的答案。

据纸草书记载,古埃及人民不仅把数学应用于面积、体积的测量,也应用于确定田亩的税收、两种度量单位的换算。他们不仅会解一元一次方程,也能够解答形如 $ax^2 = b$ 之类简单的二次方程,以及算术、几何数列的具体问题,还会进行分数的四则运算。

随着岁月的流逝,大量的纸草书"灰飞烟灭"了。但是,它所记录的古老文明,却如同矗立在尼罗河畔的金字塔群,与日月俱存。而金字塔,这些凝聚着古代劳动人民血汗的宏伟建筑,其实也是一种最坚固的"纸草书",永恒地记录着人类的创造天才。

金字塔是古埃及统治者的陵墓。由于它的形状很像汉语中的"金"字,所以我们中国人称之为"金字塔"。金字塔大都建于4200年前,最大的一座金字塔叫胡夫金字塔,修建于公元前2800年左右,塔高146.59米,底基每边长约230米,占地约52900平方米,由230万块巨石砌成,平均每块重约2.5吨。塔底精确地呈正方形,指向东南西北四方。巨石经过磨制,互相密合,上下左右严格地垂直,层层收缩垒起,最后在塔顶巧妙地合拢,而塔顶又指向天上特定的方向。没有相当精湛的几何和天文知识,要建造这样巍峨壮观的建筑,简直是不可思议,因为任何一块巨石的些许差池,都有可能导致整座金字塔建筑的走形。巧合吗? 很难说是,因为金字塔可不止一座啊!在尼罗河西岸,至今还矗立着80多座金字塔呢!

建造金字塔

古埃及文明,是指公元前31世纪至公元前5世纪间古埃及人民的天才创造,她为数学的发展作出了重要的贡献,也给后来兴起的古希腊文明以深刻的影响。但是,在古埃及,数学知识是零碎的,是一些闪光的但相互之间缺少联系的宝贵思想,还没有形成严谨的体系,虽然他们能用正确而有系统的步骤,解出相当繁杂的数学问题,但他们只讲出了该做的步骤,没有考察之所以能这样做的依据,没有数学证明的思想。也就是说,数学尚未成为一门独立的科学。正因为此,人们把古埃及文明的数学,以及一切公元前5世纪以前的数学,都划归为数学的萌芽时期。

神秘学派的秘密

公元前 539 年左右,波斯帝国的金戈铁马横扫中东,先后征服了巴比伦和埃及。两种古老的东方文明衰落了,希腊人循着开拓者的足迹,继而拾起了事业的火炬。

延续了 1100 多年的古希腊文明,是古代科学文化的一座高峰。而数学,作为当时最受重视的一门学科,更是获得了迅速的发展。

在古希腊早期的数学家中,最受人推崇的是毕达哥拉斯(前 570 —约前 500 或前 490)。一些数学史专家说:"数学作为一门科学,开始于毕达哥拉斯。"给予他极高的评价。

毕达哥拉斯

毕达哥拉斯出生在爱琴海中一个叫作萨摩斯的小岛上,早年曾拜泰勒斯等人为师,后来游学于巴比伦和埃及等东方古国,在国外生活了 20 多年,直接受到古代东方文明的熏陶。奔腾不息的幼发拉底河和巍峨壮观的金字塔,丰富了他的阅历,开阔了他的视野,启迪了他的思维,为他以后的数学研究奠定了坚实的基础。同时,古代东方宗教的神秘主义教条,也在这位未来数学家的思想上烙下了极深的印记。

公元前 530 年左右,毕达哥拉斯回国创办了一所"学校",即毕达哥拉斯学派。这所"学校"与古代中国孔子创立的私塾不同:它笼罩着一种不可思议的神秘气氛,实际上是一个献身数学研究和宗教修养的秘密团体。

学派内部的一切活动都隐藏在秘幕之后。据说,学派内部实行公有制,大家把自己的财产全交出来,共同使用。一切知识均由毕达哥拉斯传授,但并不是每个学生都有资格见到他的老师。学派里有许多奇怪的规定,例如,不准吃豆子,甚至连豆子地也不准踩。每个新入学的学生都得宣誓,严守秘密,并终身只加入这一学派。谁也不准将知识传播到学派之外,否则,将受到极其严厉的惩罚。

在这个神秘的学派里,一切发明创造不归个人,统统记在毕达哥拉斯的名下,所以,我们评价毕达哥拉斯的工作,实际上是指公元前 580 年到公元前 400 年间,整个毕达哥拉斯派学者的天才创造。

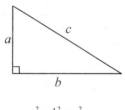

$$a^2 + b^2 = c^2$$

一提起毕达哥拉斯的数学成就,人们就会联想起毕达哥拉斯定理。据史书记载,一次毕达哥拉斯去朋友家做客,朋友家的地是用一块块直角三角形状的砖铺成的,黑白相间,形成非常美观大方的图案。客人们都在高谈阔论,而他却一直在低头沉思。主人感到奇怪,正打算去问他,谁知他竟突然站起来大笑着跑回家去了。原来,他在这些图案的启发下,发现了一个著名的几何定理:"直角三角形两条直角边的平方和,等于斜边的平方。"

这个定理在国外叫毕达哥拉斯定理,在我国叫商高定理或勾股定理。据我国古代数学著作《周髀算经》记载,比毕达哥拉斯更早,有位叫商高的中国学者就已得到了相似的结论。毕达哥拉斯的贡献,在于他独立地发现了这个定理。据说他还给予了证明。

勾股定理是平面几何中一个关键的定理。它精确地刻画了直角三角形三边间的关系,以它为基础,可以推导出不少重要的结论。难怪毕达哥拉斯发现这个定理之后,要宰 100 头牛来大肆庆祝呢!毕达哥拉斯的几何造诣较深,他还发现了"三角形内角和等于180°"等一些定理,并会用几何作图法解二次方程。然而,他的主要数学兴趣,却在研究整数的性质上,即今日人们

19

称为数论的那个领域。

毕达哥拉斯很注意把数和形紧密联系起来。他喜欢把数描绘成沙滩上的小石子,并按小石子所能排列的几何形状来给数分类。例如,他把1,3,6,10,15 等数叫三角形数,因为相应的小石子能够排列成正三角形。根据同样的道理,1,4,9,16……叫正方形数;1,5,12,22……叫五边形数。

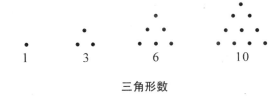

三角形数

把代表数的小石子排列成几何图形后,整数的一些性质就变得很直观,寻找数与数之间的规律也就比较容易。比如,知道了 $1,1+2,1+2+3$ 的和都是三角形数,容易联想到 $1+2+3+4$ 的和是一个三角形数,$1+2+3+4+5$ 的和也是一个三角形数,进而归纳出 $1+2+3+\cdots+n$ 是一个三角形数。更进一步,由 $1+2=\frac{1}{2}\times2\times(2+1)$,$1+2+3=\frac{1}{2}\times3\times(3+1)$,很自然会想到去证实 $1+2+3+4=\frac{1}{2}\times4\times(4+1)$,$1+2+3+4+5=\frac{1}{2}\times5\times(5+1)$,从而归纳出 $1+2+\cdots+n=\frac{1}{2}n(n+1)$ 这样一个数学公式。

用这种方法,毕达哥拉斯得到了许多数学公式,例如,

$$1+3+5+\cdots+(2n-1)=n^2$$

$$\frac{1}{2}n(n+1)+\frac{1}{2}(n+1)(n+2)=(n+1)^2$$

他还推导出了一些重要而且难以得到的结果。

很明显,毕达哥拉斯研究的数,不再是一匹马、两头牛等具体物体的数目;他所研究的几何图形,也不再是尼罗河畔麦地的形状。数和形都已抽象成数学概念。他所致力探索的,正是这些概念之间的内在规律。这种摆脱了狭隘经验束缚的抽象思维活动,使得人们能够更深刻、更广泛的探讨客观

世界的数量关系和空间形式。你看,一个抽象的代数方程,竟能应用于几百种不同的自然现象,这才是数学的力量和奥妙之所在呀!

赋予数学真理以最抽象的性质,这正是古希腊文明对数学发展最伟大的贡献之一。

毕达哥拉斯为什么要研究抽象的数学概念呢?要探求其中奥秘,还得了解毕达哥拉斯信奉的哲学观点,因为在古希腊,数学家通常也是哲学家。

在毕达哥拉斯所处的时代,社会生产力比起古巴比伦和古埃及,有了更大的提高,人们征服自然、改造自然的本领也更高强了。这样,原始宗教中关于自然现象神秘可怖的阐述,就显得幼稚可笑了。人们希望能对大自然的变化作出合理的解释。这时,一些自然现象尽管在性质上完全不同,却表现出相同的数学规律,给人们留下了深刻的印象。毕达哥拉斯看到了数学知识的可靠性、准确性和应用的广泛性,认为神也在按几何规律办事,数学公式是大自然的精髓,所以,他研究数学,乃是探索宇宙结构的真谛,探求世界的本源。毕达哥拉斯的这种观点,在当时具有一定的积极意义,它促使人们摆脱对神的盲目崇拜,转而去追寻宇宙的和谐及规律性。

当然,毕达哥拉斯的整个哲学思想是唯心主义的,是不正确的。他把数的概念神秘化,把宇宙间的一切都归结为整数或整数的比,认为除此之外,世上就不再有其他的东西了。他认为宇宙是建立在前四个奇数和前四个偶数基础之上的,由于$(1+3+5+7)+(2+4+6+8)=36$,所以用数36作的誓言是最可怕的誓言。

十分有趣,对毕达哥拉斯这种"整数哲学"第一次强有力的挑战,恰恰来自毕达哥拉斯学派内部。

对角线长多少

毕达哥拉斯的学生希伯斯,研究了一个边长为1的正方形,想知道对角线的长度是多少。他发现,根据毕达哥拉斯定理,对角线的长度 $= \sqrt{1^2+1^2} = \sqrt{2}$。

$\sqrt{2}$ 既不是整数,也不是整数的比,它是一种毕达哥拉斯的"宇宙"里不允许存在的数,但它又是确确实实存在着的。更令毕达哥拉斯啼笑皆非的是,希伯斯居然用数学方法证实了这种新数存在的合理性,而证明的方法——归谬法,又是毕达哥拉斯学派常用的。

可以想象,毕达哥拉斯学派受到了多么沉重的打击。小小的$\sqrt{2}$竟然动摇了他们惨淡经营多年的宇宙理论。怎么办?毕达哥拉斯的可悲,在于他不敢正视这个新的数学问题,而是企图借助宗教信条来维护他的权威。他搬出学派的誓言,扬言要严惩敢于"泄密"的人。然而,真理从来就不是权势的奴仆,真理的声音是谁也封锁不了的。渐渐地,有一种新的数存在的消息传扬了开去。

希伯斯由于违背学派的誓言,遭受到残酷的迫害。不久,他就失踪了。毕达哥拉斯学派的人说,那是海神波塞冬惩罚了"叛逆",海神刮起大风暴冲散了希伯斯的船队,然后就卷起海浪吞没了他……但是,谁会相信这些骗人的鬼话呢?

$\sqrt{2}$ 这类无理数的发现,是数学发展史上的一个重大事件,它导致了历史上第一次数学危机①。希伯斯为此献出了生命,但我们欣慰地看到,数学却因此又前进了一步。

———————————

① 公元前 5 世纪,关于无理数$\sqrt{2}$的"希伯斯悖论"引发了第一次数学危机;18 世纪,关于无穷小量的"贝克莱悖论"引发了第二次数学危机;20 世纪初,关于集合论的"罗素悖论"引发了第三次数学危机。

建造新的几何殿堂

　　毕达哥拉斯死后,毕达哥拉斯学派就一分为二、分道扬镳了。一些人沿袭毕达哥拉斯神秘的宗教信条,堕落成为迷信巫术的"兄弟会";另一些人则继承毕达哥拉斯对宇宙结构的求索,他们公开了学派的秘密,吸引着更多的学者投身于数学研究。

　　这时,曾经使毕达哥拉斯头痛的"天外来客"$\sqrt{2}$,不仅继续困扰着毕达哥拉斯以后的古希腊数学家,而且召唤来更多的同伴:$\sqrt{3}$,$\sqrt{5}$,$\sqrt{7}$,…,它们频繁出现在各种数学问题中,使数学家们伤透了脑筋。如果不承认它们是数,那就等于说正方形的对角线没有长度,这是睁着眼睛说瞎话;如果承认它们是数,那么,它们具有哪些性质,为什么不能归结为整数或整数的比呢?谁也无法回答这些问题。

　　数学的信誉受到极大的损害。严峻的局面迫使数学家们不得不打起精神,正视这些"天外来客"的挑战。

　　100多年的时间过去了,古希腊人的努力终于得到报答。杰出的数学家欧多克斯(约前408—前355),引入了一种新的数学概念——变量。量与数不同。数的变化是从一个跳跃到另一个的,比如从 1 到 2,当中有一定的间隙;而量是代表诸如线段、时间等连续变动的东西。欧多克斯在量的基础上,建立了一种关于比例的新理论,把能够或者不能够归结为整数之比的事物,统一在新的几何解释之中,从而找到了一条克服数学史上第一次危机的出路。

遗憾的是，欧多克斯并没有回答√2究竟是不是数。实际上，他引导数学巧妙地避开了无理数问题。于是，古希腊数学的重点便颠倒了过来，数学家们从研究数的前沿阵地上撤退了，转向了形的研究。他们把全部的聪明才智都倾注在几何学里，致力于建造新的几何殿堂。因为在几何学里，人们可以不用回答√2到底是不是数。

古希腊人研究几何学有着得天独厚的条件。其他的古代文明，大都是与世隔绝的农业社会，人们祖祖辈辈耕耘在家乡的土地上，"日出而作，日入而息"，拘囿于一个狭小的天地里。而希腊民族是一个从事航海的民族，繁荣的海上贸易，使他们对空间有着旅行家的敏感，探求现实世界空间形式的欲望也就更为强烈。

据说，毕达哥拉斯的老师泰勒斯（约前624—约前547），早年游历埃及时，曾经不用登上金字塔，就测出了金字塔的高度，使古埃及的贵族们钦羡不已。泰勒斯的方法很巧妙，也很简单。选一个天气晴朗的日子，在地上竖立一根木棍，木棍和它的投影构成了一个三角形，同时，金字塔和塔影也构成了一个三角形。这两个三角形的大小不同，形状却是一样的。在数学上，这样的

泰勒斯测量金字塔

三角形叫相似三角形，而相似三角形的对应边是成比例的。也就是说，木棍与棍影的比，等于塔高和塔影的比。木棍和棍影的长度，金字塔影的长度，都是不用登上金字塔就能测到的，知道了这三个数，根据比例关系，就能够算出金字塔的高度。在2500多年前，人类就已经掌握了这样的技巧，真令人击节赞叹。

泰勒斯夸耀说，是他把这种方法泄露给了古埃及人。其实，情况可能正相反，应当是古埃及人比泰勒斯更早知道了类似的方法，但他们只满足于知

道怎样去计算,没有考虑为什么这样算就能得到正确的答案,没有想到要从理论上证明这些方法的正确性。

证明,这就是古希腊几何学与它以前的几何学的主要分野。

泰勒斯

泰勒斯是古希腊第一个大数学家。有人说,他也是数学证明思想的创始人,最先证明了"等腰三角形的两底角相等"和"圆被任一直径二等分"等一批数学定理。事实是否如此,就难以考证了。不过,自毕达哥拉斯等人倡导数学抽象化后,赋予数学结论以严格的证明,确实突出地摆在了数学家的面前。

由于几何学的研究对象不再是具体事物的形状,而是抽象的数学概念,由此而产生的抽象的几何结论,也就具有极其广泛的普遍意义。在将其运用到各种自然现象之前,人们得保证它是正确的,不然的话,在应用中就会导致差错。

怎样才能保证一个数学结论是正确的呢?仅用人们习惯的观察、实验、归纳的方法是很不够的,即使你能举出9999个例子说明某结论是正确的,可是,谁又能保证第1万个例子不出意外呢?更何况还有第10001个、10002个例子呢!

幸好,实验、归纳的方法,不是人们认识真理的唯一方法。比如说,有3棵树,知道甲树比乙树高,又知道乙树比丙树高,那么,完全不需再去实际测量,直接通过正确的逻辑推理,就可以断定

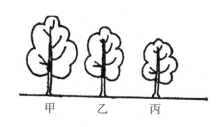

甲　乙　丙

甲树比丙树高。也就是说,直接从实践中获取部分真理,再运用逻辑推理的方法,人们可以得到真理的其他部分。聪明的古希腊数学家,正是用这种方法来保证数学结论的正确性的。具体地说,他们用的是演绎法。这是一种从一般事理成立,推出特殊事理成立的逻辑推理方法。

古希腊人把直接从实践中得到的真理叫作"公理",公理的正确性是经

过实践反复检验、为人所共知而且令人一目了然的,例如"两点可以联结一条直线"。古希腊数学家把公理作为演绎推理的基础,去论证几何结论的正确性。一个几何结论被证明是正确的,就成了一个几何定理。以这个定理为基础,又可以推导出新的几何定理来。不必一切都从头开始,因为只要推理的方式正确,后一个定理的正确与否,完全可由前一个定理来保证。这样,几何学的内容就异常丰富了起来,而且,几何学本身也逐渐变成一个严谨的科学体系,像一根链条,每一个环节都得到很好的衔接。

公理法和演绎推理,是数学的本质特征之一,也是数学区别于其他自然科学学科的明显标志。它的引入,是古希腊文明为数学发展作出的又一个最伟大的贡献。

翻开古希腊的历史,会看到一种有趣的现象,公元前 4 世纪时,几乎所有的杰出数学家,不是哲学家柏拉图(前 427—前 347)的学生,就是他的朋友。可以想象,古希腊的哲学思想对数学家的影响是多么的大。哲学家关心真理,而演绎推理能在正确的前提下,得到绝对肯定的结论,正适合他们的胃口:数学,既是他们了解宇宙结构的钥匙,又是他们追求真理总体的一部分,理所当然应是演绎性的。也许,这就是古希腊数学家在数学里强调演绎推理的原因吧。

古希腊数学的重点移向几何后,几何学的研究获得了辉煌的成就。不过,数学家过分地专注于几何学,摈弃无理数,不仅使得代数与几何变成了两门毫不相干的数学分支,还延误了数的概念的发展,妨碍了他们去取得本来可以取得的更大成就。

三大几何难题

阴森恐怖的监狱里,囚禁着无辜的学者阿那克萨哥拉(约前500—前428)。他犯了什么罪?说起来十分荒唐,仅仅是因为他断言:太阳,并不是非凡的神灵阿波罗(希腊神话中的太阳神),而是一个硕大无比的火球。

厚厚的石墙,坚固的牢门,禁锢了阿那克萨哥拉行动的自由,却禁锢不了他自由的思想。透过满是粗大栏杆的窗口,阿那克萨哥拉看到起伏的山峦,广阔的原野,依旧呈现出不可名状的几何结构美,于是暂时忘却了心中的忧伤,拾起一根小木条,在地上比画起来……

怎样化圆为方呢?

据说,阿那克萨哥拉在监狱中思考过这样一个问题:怎样作一个正方形,才能使它的面积恰好等于某个已知圆的面积?即化圆为方问题。

阿那克萨哥拉没能解决这个问题,古希腊的数学家们也没能解决这个问题,在他以后的2200多年里,一代又一代的学者为此倾注了无数的聪明才智,但问题依然故我,像古希腊神话中的狮身女怪"斯芬克斯"一样,肆无忌惮地向人类的智慧挑战。

这个问题叫作化圆为方问题,是古希腊几何学里的一个著名难题。类似的难题还有两个:

立方倍积问题——作一立方体,使它的体积等于已知立方体的两倍;

三等分角问题——把一个任意角分成三等份。

关于三大几何难题的起因,历史上有许多传说。例如立方倍积问题,就流传着这样一个悲惨的故事。

古希腊有座岛屿叫提洛。有一年,岛上突然间瘟疫流行,人们流离失所,死亡枕藉,幸存的人们日夜匍匐在祭坛前,乞求神灵保佑。许多天过去了,巫师终于传达神灵的旨意,原来,这是神灵在惩罚不敬重数学的提洛岛人;想要结束这场深重的灾难,提洛岛人必须把现有祭坛的体积加大1倍,而且不许改变立方体的形状。提洛岛人赶紧量好尺寸,连夜赶制了一个祭坛送往神殿。他们把祭坛的长、宽、高都加大了1倍,以为这样就满足了神灵的要求。谁知第二天,瘟疫非但没有遁迹,反而更加疯狂地蔓延开来。提洛岛人大惑不解,再次诚惶诚恐地匍匐在祭坛前。神灵发怒说:"这个祭坛的体积是原祭坛的8倍!"……

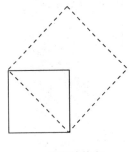

立方的倍积

传说终归是传说,其中常常掺杂着杜撰的情节、虚构的神灵。三大几何难题的起因,应当产生于几何问题的研究中。就说立方倍积问题吧,古希腊人知道,以正方形的对角线为一条边,可以作一个新的正方形,而新正方形的面积恰好是原正方形面积的两倍,进而联想到把立方体加倍,应该说是顺理成章的事情。

当然,如果三大几何难题仅仅像前面那样表述,是不难予以解决的,比如三等分角问题,用量角器一量,不就轻而易举地解决了吗? 三大几何难题之所以难,关键就在于古希腊人对作图工具做了限制,即:作图时只准许使用直尺和圆规。

其实,如果仅仅这样限制,这三个题目仍然不难。数学家阿基米德(前287—前212)曾经只用直尺和圆规,很轻松地解决了三等分角问题。

阿基米德预先在直尺上记一点 P,令直尺的一个端点为 C。对于任意画的一个角,他以这个角的顶点 O 为圆心,以 CP 的长度为半径画半个圆,使这半个圆与角的两条边相交于两点(下左图)。

然后,阿基米德移动直尺,使 C 点在 AO 的延长线上移动,使 P 点在圆周上移动。当直尺正好通过 B 点时停止移动,将 C、P、B 三点联结起来(下中图)。

接下来,阿基米德将直尺相对直线 CPB 平行移动,使 C 点正好移动到 O 点,作直线 OD(下右图)。

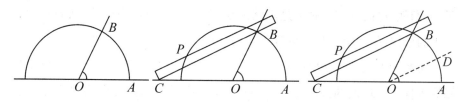

阿基米德三等分角

可以检验,$\angle AOD$ 正好是原来的角 $\angle AOB$ 的 1/3。也就是说,阿基米德已经将一个任意角分成了三等份。

但是,人们不承认阿基米德解决了三等分角问题,因为阿基米德作图时,预先在直尺上记了一点 P,使直尺实际上具有刻度的功能,这就违反了古希腊人对作图工具的另一个限制:直尺不能有任何刻度,而且直尺和圆规都只准许使用有限次。

在上述两项规定限制下的几何作图问题,叫尺规作图问题。尺规作图是古希腊几何学的金科玉律,鲜明地体现了古希腊几何学的特点。数学家们要求从最少的基本命题,推导出尽可能多的数学结论,与这种精神相吻合,对作图工具也提出了"少到不能再少"的要求。他们异常强调严密的逻辑结构,不容许出现半点疏忽,这种严谨的治学态度一直影响着后代的数学家。

另一方面,苛刻地限制作图工具,也正好暴露了古希腊几何学的一个重大缺陷。有不少的数学家,可以在理论上考察所有的几何图形,却不肯去关心任何一个实际物体的形状,导致了数学理论与应用的严重隔绝。奴隶主贵族这种鄙视劳动的恶劣作风,使得数学逐渐脱离了实践的基础,脱离了生活,日益失去萌芽时期的勃勃生机,也限制了古希腊数学的成就。

至于三大几何难题,几乎每一个人都能弄懂题意,但却使许多最杰出的数学家也束手无策,因而具有极大的魅力,吸引着千千万万的人去摘取这些似乎近在咫尺的数学成果。在西方数学史上,几乎每一个称得上是数学家的人,都曾拿起直尺和圆规,用三大几何难题测试过自己的智力。2000 年里,一个又一个数学家欣喜若狂地宣称:"我解决了三大几何难题!"可是不久,人们就发现,他们不是在这里就是在那里,有着一点小小的、然而是无法改正的错误,随之爆发出一阵阵善意的笑声。

无数的人失败了,然而正是他们,用生命和智慧搭起了一架攀登数学高峰的人梯。从他们的失败中,人们逐渐怀疑这些问题是无法用尺规作图法解决的,于是转而研究这些问题的反面。因为谁要是证明了这些几何难题不能用尺规作图解决,谁也就解决了三大几何难题。①

人类的智慧终于获得了胜利。1837 年,法国数学家旺策尔(1814—1848)研究阿贝尔定理化简时,匠心独运,首先证明了三等分角和立方倍积问题是不能用尺规作图解决的。接着,1882 年,德国数学家林德曼(1852—1939)证明了 π 是一个超越数,从而证明了化圆为方问题也是不能用尺规作图解决的。最后,1895 年,德国数学家克莱因(1849—1925)在总结前人研究的基础上,给出了这三个几何作图题不能由尺规作出的简单而清晰的证明,才彻底了结了这桩长达 2000 多年的悬案。

研究了 2000 多年,最后的结果竟是不能作出这些图形,真有点扫兴。人们或许会问,研究三大几何难题有什么意义呢?

数学,有着一种奇异的特性,如果稍一牵动其中的某个环节,就能拽出这个环节前后的一整串数学事实;而一个著名的数学难题,在数学发展中就起着这样一个环节的作用。一个数学问题能够成为难题,正好说明人们的

---

① 数学家华罗庚说,"上月球"是个"未解决"的问题,"步行上月球"是个"不可能"的问题。取消"步行"的限制,这个"不可能"问题才可变成"未解决"问题。试图不改变条件而解决已被证明不可能的数学问题,是徒劳的。

数学方法陈旧无力,于是推动着人们去寻觅新的数学方法,改进研究手段。所以,解答三大几何难题,不仅显示了人类智慧的威力,更重要的,是人们由此发现了更多的数学方法,得到了更多的数学成果。由于研究三大几何难题,数学家们开创了对圆锥曲线的研究,发现了尺规作图的判别准则,等等,这些都比三大几何难题本身要有意义得多。

即使是在古希腊,数学家们也得到了不少的收益。例如,希波克拉底在研究化圆为方问题时,得到这样一个数学结论:用直角三角形两条直角边作出的两个半圆的面积之和,等于用斜边作出的那个半圆的面积。由此可以推导出,图中两个画有斜线的月牙形的面积,等于图中画有斜线的直角三角形的面积。

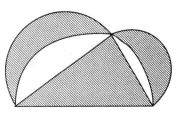

希波克拉底月牙形

震烁千古的丰碑

　　美丽的雅典城,是希腊的首都,也是一个历史悠久的文化名城。早在2600多年前,雅典就已经是一个繁华的奴隶制城邦。公元前479年,当雅典联合古希腊的其他城邦,奋力打败不可一世的波斯帝国后,更是声威远震,一跃成为爱琴海上的强国。

　　四通八达的海外贸易,给雅典人带来了大宗的财富,也激化了平民阶层与奴隶主贵族的矛盾,导致一系列的政治改革。最后,平民阶层获得胜利,确立了奴隶制民主政治。这是古代奴隶制国家的最高发展形态。由于大地上没有一个君临一切的专制帝王,意识形态里也就没有一个主宰一切的神灵,没有人们必须遵守的宗教信条,人们的思想活动享有相当程度的自由。这一切,为学术活动的开展创造了良好的气氛,吸引着四方游历之士,荟萃在这个新的政治文化中心。

　　众多的学者,形成了众多的学派。这些学派之间,有的尖锐地对立着,有的却亲密地师承着,学者们竞相宣扬自己的观点,把雅典城变成一个巨大的讲坛。这情景,颇像我国的春秋战国时期,百家蜂起,煌煌争鸣。数学,也就从各个学派的圈子里跳了出来,变成整个社会的财富,获得突出的发展。在古希腊一所最著名的高等学府门口,甚至写着这样的字句:"不懂几何者,勿入此门。"

　　公元前600年至公元前300年,这是古希腊数学史上一个重要时期。在这300年里,数学摆脱狭隘经验的束缚,迈入了初等数学时期。古希腊人强调抽象,引入公理法和演绎推理,揭示了数学两个最重要的本质特征,对人类科学文化的发展,特别是西方数学的发展,影响极其深远。为了与以后的希腊文明相区别,人们把这段时间称作希腊古典数学时期。

古典时期的希腊数学家们,发掘了异常众多的数学材料,摘取了光彩炫目的数学成果。但是,数学不能只是材料的堆砌、成果的罗列,于是,整理总结先辈们开创的数学研究,就成了后代希腊数学家义不容辞的职责。这方面,欧几里得(约前330—前275)的工作最为出色。

欧几里得

欧几里得出生于雅典城,早年求学于雅典的柏拉图科学院,受到了良好的教育。公元前300年左右,他应统治埃及的托勒密国王的邀请,到亚历山大城主持数学教育。由于他知识渊博,勤恳治学,善于培养人才,很快就使亚历山大城成为远近闻名的数学研究中心。

欧几里得不仅深受学生的敬重,连托勒密国王也经常向他请教几何问题呢。一次,国王被一道几何题弄得头昏脑涨,问欧几里得能不能把几何搞得稍微简单一点,而欧几里得呢,认为这是对几何学的亵渎,不客气地回答国王说:"陛下,几何学里可没有为您专门开辟的大道!"这句话长久地流传了下来,许多人把它当作学习几何的箴言。

作为一个数学家,欧几里得的名望,不在于他的数学创造,而在于他编写了一部划时代的数学著作《几何原本》,系统地整理前人的数学研究,对古典时期的希腊数学作了一个精彩的总结。

在《几何原本》里,欧几里得独创了一种陈述方式。他首先明确地提出所有的定义,让大家一翻开书,就知道书中的每个概念是什么意思。例如,什么叫作点?书中说:"点是没有部分的。"什么叫作线?书中说:"线有长度但没有宽度。"这样一来,大家就不会对书中的概念产生歧义了。

接下来,欧几里得提出了5个公理和5个公设:

公理1　与同一件东西相等的一些东西,它们彼此也是相等的。

33

公理2　等量加等量,总量仍相等。

公理3　等量减等量,余量仍相等。

公理4　彼此重合的东西彼此是相等的。

公理5　整体大于部分。

公设1　从任意的一个点到另外一个点作一条直线是可能的。

公设2　把有限的直线不断沿直线延长是可能的。

公设3　以任一点为圆心和任一距离为半径作一圆是可能的。

公设4　所有的直角都相等。

公设5　如果一直线与两直线相交,且同侧所交两内角之和小于两直角,则两直线无限延长后必相交于该侧的一点。

这个第五公设,也就是人们通常所说的欧几里得平行公理,它还可以表述为:经过已知直线外的一点,可以作而且只能作一条直线与已知直线相平行。

欧几里得以这些公理和公设作基础,采用演绎推理的方法,有条不紊地、由简到繁地证明了467个最重要的定理。由一小批公理,竟能证明出这么多的定理,其中自有很深的奥妙。欧几里得独创的这种陈述方式,也就一直为历代数学家所沿用。

论证之精彩,逻辑之严密,是《几何原本》的又一大特色。书中的定理,虽然大多数已由前人证明过,但前人的证明往往是较马虎的,经欧几里得之手后,许多证明才变得无懈可击。例如对"质数的个数有无穷多"这个定理,欧几里得的证明就相当简洁漂亮。他首先假设质数的个数只有有限个,并且最大的一个是 N。把这些质数都乘起来再加1,就会得到一个新的数: $(2 \times 3 \times 5 \times \cdots \times N) + 1$。欧几里得开始论证:如果新的数是一个质数,由于它比 N 还大,一定不会是原有质数中的某一个;如果新的数不是一个质数,那么它一定能被原有的质数所整除,而这显然是不可能的。这两种情况都与原先的假设相矛盾,说明新的数一定是一个新的质数,从而也就证明了质数的个数有无穷多。

《几何原本》共 13 卷,介绍了直线形和圆的基本性质、比例论、数论和立体几何等方面的数学知识。它是世界上第一部公理化的数学专著,长期被奉为科学著作的典范,并统御几何学达 1800 年之久。

几千年里,《几何原本》引导一代又一代的青年跨入辉煌的数学殿堂,哥白尼、伽利略、牛顿以及许许多多的大科学家,年轻时都曾认真学习过这本书。据统计,自从中国的印刷术传入欧洲以后,《几何原本》已用各种文字重版 1000 多次,极其深刻地影响了世界数学的发展。

《几何原本》的问世,使得古希腊丰富的几何学材料,构成了一个用公理法建立起来的演绎的数学体系。它是一座震烁千古的丰碑。在它问世 2000 多年后,大科学家爱因斯坦(1879 — 1955)仍然怀着深深的敬意称赞说:"世界第一次目睹了一个逻辑体系的奇迹,这个逻辑体系如此精密地一步一步推进,以致它的每一个命题都是不容置疑的——我这里说的是欧几里得几何。推理的这种可赞叹的胜利,使人类获得了为取得以后的成就所必需的信心。"

当然,《几何原本》也有不足之处。它"具有典型的希腊局限性",例如,在全书中竟找不到一个直接联系实际的问题。《几何原本》把数学的逻辑严谨性提到一个历史的新高度,却也留下了公理体系不尽完备的缺憾,因此才有 2000 年后非欧几何的诞生和希尔伯特《几何学基础》的问世。

"数学之神"

　　公元前338年,生活在希腊本土北部的马其顿人,一举攻克雅典,随后大军横扫希腊,夺取了希腊世界的霸权。他们继而东征西讨,用武力拼凑起一个横跨欧亚非三洲的大帝国。历史翻开了新的一页。有趣的是,古希腊文明的中心,也随着马其顿人东进的步伐,远离希腊本土,移到了托勒密国王统治下的埃及城市亚历山大。

　　亚历山大城位于尼罗河口,是托勒密王朝的都城。在这里,数学仍然是最受重视的学科,但是,数学却不再是哲学的奴仆,不再是哲学家们训练逻辑思维能力的手段,而是人们征服大自然得心应手的工具。古代东方民族重视知识实际应用的作风,影响着业已高度发展的古代数学,使它又回到注重应用的轨道上来。尼罗河,曾经哺育了古埃及文明的河流,现在又给古希腊数学注入了新鲜的血液,增添了青春的活力。

　　古代最伟大的数学家阿基米德(前287—前212),像一座巍峨的丰碑,最典型地体现了古希腊亚历山大时期数学的成就与风格。

　　阿基米德是一位天文学家的儿子,公元前287年,出生在意大利半岛南端西西里岛上的叙拉古城。年轻时,阿基米德曾漂洋过海,到"智慧之都"亚历山大城去留学。在学者云集的艺神宫里,在藏书浩瀚的图书馆里,欧氏几何学的无穷奥妙,深深地吸引着这位未来的数学巨人。

阿基米德

　　历史上流传着许多阿基米德刻苦学习的动人故事。相传他思考科学问题时，精神高度集中，常常忘了吃，忘了喝，忘了自己，也忘了周围的一切。有一次，大家关心阿基米德的身体，给他擦上香油膏，强迫他去洗澡。可是，过了半天都不见他从澡堂里出来，以为他出了什么事，冲进去一看，阿基米德站在澡堂里，早把洗澡忘了个一干二净，正用手指在抹了香油膏的身体上画几何图形呢。

阿基米德在亚历山大城学到了许多先进的数学知识，也结识了许多朋友。回到家乡后，他仍然与城里的数学家保持联系，了解数学的最新进展，同时也交流各自的研究成果。

阿基米德有一种特殊的本领，能用最简单的方法，解决最困难的数学问题。例如砂粒问题："用砂粒把整个宇宙全都填满，至少需要多少砂粒？"①在2200多年前，不要说计算这样的题目，连提出这样的问题都需要非凡的勇气。可是，看了阿基米德的解答，人们都会情不自禁地说："哦，是这样算的，太妙了。"紧接着，又会感慨横生："咳！我怎么连这样简单的算法都想不出来呢？"

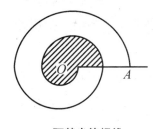

阿基米德螺线

阿基米德善于用精确的数量关系，去揭示几何图形间的内在联系。左图是以阿基米德名字命名的螺线。阿基米德得到了这样一个定理：该螺线的第一圈与初始线所围成的面积（图中的阴影部分），等于第一个圆（以 O 为圆心，以 OA 为半径）的面积的1/3。

在阿基米德的墓碑上，人们根据他的遗愿铭刻着一个几何图形，相传那是阿基米德生前最引为自豪的一个定理："以球的大圆为底、以球的直径为高的圆柱，其体积是球的3/2，其包括上下底在内的表面积，也是球的3/2。"

①　古希腊人认为地球到天球面的距离约16亿公里，而当时最大的计数单位是"黑暗"（万）。于是阿基米德发明一系列新的计数单位，由计算填满1个小圆球的砂粒数开始，逐步扩大圆球，推算出填满宇宙的砂粒数不会超过1000万连乘7个亿，也就是 1×10^{63}。

阿基米德的几何著作是古代精确科学的高峰,流传至今的尚有10多种。希腊数学史权威托马斯·希斯评价说:"这些论著无例外都是数学论文的纪念碑。解题步骤的循循善诱,命题次序的巧妙安排,严格摈弃叙述的支蔓及对整体的修饰润色,总之,给人的完美印象是如此之深,使读者油然而生敬畏的感情。"

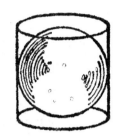

任何一张写有最伟大的数学家的名单中,必定会包括阿基米德。其实,尽管人们把阿基米德、牛顿和高斯并列为历史上最伟大的数学家,可一提起阿基米德,人们却往往津津乐道于他的发明创造,似乎他的发明创造比他的数学研究重要的多。

这是什么原因呢?原来,古典时期的希腊数学家们,通常都是哲学家;而亚历山大时期的希腊数学家,通常却是工程师。阿基米德就是一位杰出的工程师。他坚定地反对唯心主义的哲学观点,把数学同生活中的具体问题,同其他自然科学紧密地结合起来,大胆地用数学方面的卓越发现,去解决天文学、力学,甚至军事上的问题,因而他的发明创造大大超出了他所处时代一般的技术水平。

相传阿基米德制作了一个天体地球仪,坐在家里就能了解星体的运行情况,推算发生日食和月食的日期;他还发明了螺旋扬水器,能把河水提上岸来灌溉土地……

最脍炙人口的传说,要数阿基米德测定王冠的故事了。有一次,叙拉古国王定做了一顶纯金的王冠,做成后却老是怀疑工匠们在王冠里掺了银子。他既想知道王冠中纯金的含量,又舍不得弄毁王冠,怎么办呢?这可是个大难题,国王决定请阿基米德来解决这个难题。阿基米德冥思苦想了好长时间,也没有想出一个好办法。有一天,他到公共浴室去洗澡,心里仍然想着王冠问题。当他漫不经心地跨进装满水的浴盆时,水溢出盆外,哗哗流了一地。猛然间,一个念头闪过他的脑际,不同质料的东西,尽管重量相同,但因体积不同,各自排去的水必不相等。根据这个道理(后来就被称为阿基米德浮力定律），去测定王冠中纯金的含量，就相当省事了。阿基米德高兴得忘乎所以，竟连衣服也忘了穿，就跑到大街上忘情地高喊："尤尼卡（找到啦），尤尼卡！"

阿基米德还善于利用其他自然科学方面的发明创造，来丰富自己的数学研究。连物理学上的杠杆定律，也成了阿基米德手中一件得心应手的数学工具。阿基米德把要计算的面积或体积看作是有重量的东西，将它们分成许多非常小的长条或薄片，然后利用已知面积去平衡这些"元素"，找出它们的"重心"和"支点"。这样，根据杠杆定律的结论，就可以算出物体的面积或体积。运用这种方法，阿基米德算出了球和球冠的面积、抛物弓形的面积、旋转双曲体的体积，取得了许多辉煌的成果。更重要的是，这种方法里蕴含的微积分思想，已经伸展到 17 世纪的高等数学领域里去了。

阿基米德是一位伟大的科学家，也是一位伟大的爱国者。当罗马帝国的军队侵犯他的家乡时，70 多岁高龄的阿基米德挺身而出，竭尽他的心智，为保家卫国而战斗。传说阿基米德发明了一种掷石机，能迅速掷出成批的石子，把逼近城墙的罗马士兵打得头破血流。他还发明了一种鸟嘴梁，能从高处抛下巨大的石块，把靠近城墙的罗马战舰砸沉。整整 3 年，罗马军团付出了惨重的代价，始终无法闯进叙拉古的城门。阿基米德的威名，使罗马士兵胆战心惊，每当城头有新的器械晃动，他们就惊呼"又来了"，吓得抱头鼠窜。阿基米德的智慧，连他的敌人也不得不钦佩，罗马军队的统帅马塞拉斯曾经沮丧地说："我们是在与数学打仗吗？这个'数学之神'使我们出尽了洋相，简直比神话中的百手巨人还要厉害。"

公元前 212 年，弹尽粮绝的叙拉古城终于陷落了，罗马士兵开始了血腥的屠杀。据说，阿基米德似乎不知道城池已被攻破，他正在沙地上思索着一个数学问题，他是那样的全神贯注，以致没有听见罗马士兵粗暴的喝问。一只沾满血污的皮靴，踩乱了阿基米德画在地上的几何图形，老人抬起头来，愤怒地吼道："滚开些，不要踩坏了我画的图！"……

阿基米德的功绩是不朽的。2000 年来，茫茫天地之间，一直回荡着阿基米德那豪迈的声音："给我一个支点，我就可以撬动地球。"

精妙的圆锥曲线[①]

　　亚历山大时期是古希腊数学的黄金时期,数学家阿波罗尼奥斯(约前262—前190),与比他早出生60多年的欧几里得、早出生20多年的阿基米德,并称为黄金时期3位最伟大的数学家。

　　阿波罗尼奥斯出生于小亚细亚的一座小城佩尔格,年轻时去亚历山大城求学,后来就长期生活在亚历山大城里。阿波罗尼奥斯对科学最大的贡献,是在圆锥曲线的研究中取得了近乎完美的成就。

　　什么是圆锥曲线呢? 用一个平面切割圆锥,可以分别截得椭圆、双曲线和抛物线,这3种曲线统称为圆锥曲线。早在希腊古典数学时期,数学家们就对圆锥曲线进行了大量研究,取得了丰富的成果。阿波罗尼奥斯在综合前人研究成果的基础上,做了系统集成的工作,更作出了自己独到的理论创造,写出了煌煌八卷本的《圆锥曲线论》。

阿波罗尼奥斯

　　如果说,欧几里得的《几何原本》构筑起古典演绎几何学体系的巍峨殿堂,那么,阿波罗尼奥斯的《圆锥曲线论》,则是运用古典演绎几何学于圆锥

　　① 此文于2012年撰,发表于辽宁少年儿童出版社《彩图科学史话·数学》,2015年版。

曲线研究,所创建的一座精美丰碑。数学史家誉之为"古典希腊几何的登峰造极之作"。其后近2000年里,直到17世纪笛卡儿创立解析几何学之前,数学家们在圆锥曲线的研究中再也没有谁能够超越阿波罗尼奥斯。1604年,开普勒根据阿波罗尼奥斯的圆锥曲线理论,发现了行星的椭圆运行轨道,从而为牛顿万有引力理论奠定了主要基础。

在阿波罗尼奥斯之前,数学家们是用平面切割正圆锥得到圆锥曲线的,这样截得的双曲线只有一支。阿波罗尼奥斯最先用平面切割一双对顶圆锥(正的圆锥和斜的圆锥)的方法,得到了所有的圆锥曲线,从而最先揭示出双曲线不只一支,而是有两支。他运用纯粹而精巧的演绎推理方法,证明了400多个关于圆锥曲线的定理,系统地揭示了圆锥曲线的基本平面性质。他根据3种圆锥曲线不同的基本平面性质,把它们分别命名为亏曲线、盈曲线和齐曲线。由阿波罗尼奥斯创用的这三个希腊名词,后来就演化成现代数学中圆锥曲线的标准用语(对应的中译名词椭圆、双曲线和抛物线,是清代李善兰创用的)。

阿波罗尼奥斯也醉心于解决各种几何难题,他提出并解决了一个著名的尺规作图题:"求作一个圆,与已知的3个圆都相切。"这道题后来就被称为"阿波罗尼奥斯问题"。遗憾的是,阿波罗尼奥斯的解法失传了。历史上,它与化圆为方等三大几何难题同样有名。

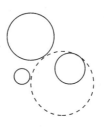

阿波罗尼奥斯问题

对于3个给定的圆,一般来说会有8个不同的圆和它们都相切,而在这8个圆里,每一个都以不同的方式内切或外切于给定的3个圆。16世纪,数学家范罗门用相交的双曲线解决了这个问题,但他的解法显然不符合尺规作图的要求。数学家韦达利用问题的极端情况找到这样一种解法:3个圆中的任何一个都可以缩成零半径(一个点),或扩大成无限半径(一条直线)。这种方法也被认为是当年阿波罗尼奥斯的解法一个颇为可信的重现。

今天的人们学习圆锥曲线知识,并不需要从阿波罗尼奥斯的《圆锥曲线论》学起。运用解析几何学的方法,我们可以获得关于圆锥曲线性质的系统认识,而当年阿波罗尼奥斯煞费苦心推导论证的许多深奥的定理,已经可以简化成简单的练习题。

但是,古希腊数学家精心构造的演绎数学的精华,它在科学研究中显示的无穷魅力,对于培养和训练科学思维的价值,却是永恒的。

谜一样的墓志铭

地球是颗星球,在漫无边际的宇宙中遨游。

在今天,这是每个小学生都熟知的常识,在古代,却是一个了不起的发现。首先提出这种科学假说的光荣,属于毕达哥拉斯派的学者。很自然地,人们会问:地球有多大呢? 对于没有人造卫星,没有宇宙飞船的古代科学家来说,要回答这个问题,并不比登上月球容易多少。

公元前 240 年左右,才华横溢的古希腊数学家埃拉托色尼(约前 275—前 194),交出了第一份出色的答卷。

埃拉托色尼长期担任亚历山大图书馆馆长,曾做过阿基米德的老师。他知识渊博,多才多艺,在数学、天文、地理、机械、历史和哲学等许多领域里,都有很精湛的造诣,甚至还是一位不错的诗人和出色的运动员。在数学史上,他以发明求质数的"埃拉托色尼筛法"①而闻名。

他是怎样测出地球大小的呢?

埃拉托色尼生活在亚历山大城里,在这座城市正南方的 785 公里处,另有一座城市叫塞尼,每年夏至那天的中午 12 点,阳光都能直接照射城中一口枯井的底部。也就是说,每逢夏至那天的正午,太阳正好悬挂在塞尼城的天

---

① 把头 100 个自然数装进"筛"里,先筛掉 2 的倍数 49 个;再筛掉 3 的倍数 16 个;再筛掉 5 的倍数 6 个;再筛掉 7 的倍数 3 个。剩下的 26 个数中,再找不出倍数关系了,于是除 1 之外的 25 个数都是质数。

顶。而同一时刻,在亚历山大城里竖立一根小木棍,可测得木棍与阳光之间的夹角(图中的∠1)是7.2°,等于360°的1/50。由于太阳离地球的距离很远,可以近似地把阳光看作是彼此平行的光线,于是有∠1 = ∠2。根据圆心角定理,图中表示亚历山大城与塞尼城距离的那段圆弧,应该等于整个圆周长度的1/50。将两城间的实际距离乘以50,埃拉托色尼算出地球的周长是39250公里。

这是一个相当精确的计算结果,显示了古希腊数学家高超的计算能力。也反映了在亚历山大时期,数学家们日益注重数学的运算,日益关心起对生活有用的数学成果。数学的第三个本质特征——广泛的应用性,也就逐渐显露了出来;整个古希腊文明的数学成就,也就达到了最高点。

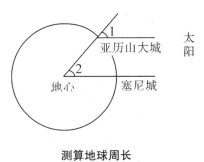

测算地球周长

科学的兴衰是与时代的变迁密切相关的,数学的发展也不例外。历史进入公元后,随着古希腊奴隶制度的日益衰败,古希腊文明开始衰落了。在以后的600年里,除了在公元1世纪前后,托勒密(约90—168)等人创立了一门新的定量几何学——三角术外,整个古希腊的几何学,再也没有产生多少值得称道的成果了。

公元147年,希腊遭到罗马军团毁灭性的进犯,加速了古希腊文明的衰落。罗马帝国的统治者,进行战争是行家里手,对于发展数学却丝毫不感兴趣。他们鄙视数学,满足于能用数学知识进行简单的计算和测量,因而在1000多年的古罗马文明史中,找不出几个配得上数学家称号的人。罗马人的到来,自然是古希腊数学的灭顶之灾,数学著作被肆意

希帕蒂亚

焚毁,数学家惨遭迫害。历史上第一个杰出的女数学家希帕蒂亚(约370—约415),就因为不肯信奉罗马的宗教,被人在大街上撕得七零八落。

备受摧残的古希腊数学,如同地壳下奔突的岩浆,默默承受着巨大的压

力,也默默地积蓄着力量,一俟时机成熟,便会呼啸着喷突而出。果然,在公元 3 世纪,数学家丢番图(246 — 330)又发出了发聋振聩的呼声。

丢番图是古希腊最后一个大数学家。他的生平,后人几乎一无所知,只是从他谜一样的墓志铭上,才了解到他曾享有 84 岁的高龄。

丢番图的墓志铭,实际上是一道数学应用题,上面这样写着:

"过路人,这座石墓里安葬着丢番图。他生命的 1/6 是幸福的童年,生命的 1/12 是青少年时期。又过了生命的 1/7 他才结婚。婚后 5 年有了一个孩子,孩子活到他父亲一半的年纪便死去了。孩子死后,丢番图在深深的悲哀中活了 4 年,也结束了尘世生涯。过路人,你知道丢番图的年纪吗?"

这段墓志铭写得妙极了。谁想知道丢番图的年纪,谁就得解一个代数方程,而这正好提醒前来瞻仰的人们,不要忘记了丢番图献身的事业。

在丢番图之前,古希腊的数学家大都是"几何学家",习惯于用几何的观点处理他们遇到的数学问题。比如,他们把二次幂 x^2 理解为图形的面积,把三次幂 x^3 理解为图形的体积,对于三次以上的乘幂如 x^4、x^5 等,统统以没有几何意义为理由而不予承认。丢番图不受这些几何观念的束缚。他认为,从代数的角度看,高次幂是有意义的,例如 x^4,就是 4 个 x 相乘,从而肯定并大胆地在实践中运用它们。这样就把古希腊数学引入一个更广阔的天地。

丢番图比欧几里得晚出生 600 年,也编写了一部数学著作。这本书叫《算术》,共有 13 卷,但只有 6 卷流传了下来。《算术》和《几何原本》同属古希腊数学著作,两者的风格却大异其趣。《算术》由一些安排得很有条理的练习题组成,它告诉人们怎样做,却不谈为什么要这样做,更没有讲理论依据是什么。一切都是凭直观的、经验的,这种风格非常接近古埃及的纸草书。这也正好说明,丢番图更多地受到了古埃及文明的影响。

《算术》是一部伟大的著作,在历史上的重要性完全可以与《几何原本》相媲美。它的第一卷是一些简单的代数方程练习题。例如第 27 题:"两个数的和是 20,积是 96,求这两个数。"丢番图设 $2x$ 是这两个数的差,那么大数是 $10 + x$,小数是 $10 - x$,于是得到方程 $(10 + x)(10 - x) = 96$,解之得 $x^2 = 4$,

$x = 2$（丢番图不承认负数，丢掉了一个根 $x = -2$），所以这两个数是 12 和 8。

　　丢番图的解法在当时是一个巨大的进步。① 在丢番图之前，古希腊数学家习惯用几何作图方法解答各种数学问题；而丢番图则不然，他喜欢把各种问题转化成各种类型的代数方程，然后娴熟地找出它们的答案，这样就打破了烦琐的几何方法对代数研究的限制，促进了代数学的发展。有人说，现代解方程的基本步骤，如移项、合并同类项、方程两边乘以同一因子等等，丢番图都已知道了。

　　在《算术》的其他 5 卷里，丢番图对不定方程作了广泛的研究。什么是不定方程呢？如果一个方程中含有两个或两个以上的未知数，这个方程就叫不定方程，如 $3x + 4y = 7$，$x^2 + y^2 = 25$ 都是不定方程。不定方程的解有无穷多个，解答时常常需要很高的技巧。丢番图正是一位聪明的解题能手，他用许多巧妙的方法解出了许多类型的不定方程。现在，为了纪念他，国外还把研究不定方程的一个数学分支叫作丢番图分析呢。

　　不过，丢番图并不是第一个研究不定方程的数学家。比丢番图更早，我国古代数学书籍《九章算术》里，就已有不定方程的记载了；而另一本古代数学书籍《张丘建算经》，则更是以大规模研究不定方程而闻名。只是由于古代中外文化交流不发达，我国古代数学家的工作才不如丢番图那样有名气。

　　丢番图在古希腊数学研究中独树一帜，为代数学的发展作出了杰出贡献。然而，他一个人的努力，改变不了古希腊数学衰落的总趋势，他的成就，也就成了古希腊数学的回光返照。

_____

　　① 代数学区别于算术的最大特点是引入了未知数，并对未知数加以运算。因此，丢番图撰《算术》，被后人尊为"代数学之父"不无道理。

独领风骚的筹算术

　　当古希腊的灿烂文明沉没在地平线下面的时候,古老的中国文明犹如一轮红日,在世界的东方发出绚丽夺目的光彩。

　　欧洲中世纪的开始,结束了数学史上以古希腊几何学为标志的一个历史时期。接下来的数学史,以显赫的地位记载着中华民族的杰出贡献。而这一大段辉煌的历史篇章,实际上在春秋战国时期(前770—前221)就已经揭开了扉页。

　　春秋战国时期,古希腊还处在奴隶制的鼎盛阶段,而我国已经发生了一场巨大的社会变革,在世界上最早实现了从奴隶制向封建制的过渡。

　　社会制度的大变革,极大地促进了生产力的发展。在这一时期,为适应农业生产精耕细作的需要,出现了都江堰、郑国渠等规模宏大、世所罕见的水利工程,对天文历法的研究也达到了很先进的水平。所有这些,都需要有精细的计算,从而推动我国的计算技术也发展为当时世界第一流的水平。

　　考察一下我国"算"字的起源是很有意思的。"算"字在古代有3种写法:筭、算、祘。"祘"字的起源带有一种神秘色彩,而"筭""算"二字则都与一种计数工具有关。我国的第一部字典《说文解字》说:"筭,长六寸,所以计历数者。从竹、弄,言常弄乃不误也。"意思是:"筭"是一种六寸长的竹制计数工具,因此是"竹"字头;下面加一个"弄"字,表示经常摆弄它们就可以使计算准确无误。《说文解字》又说:"算,数(shǔ)也,从竹、具,读若筭。"意思是:算与筹同音,表示用"筹"这种计数工具计数,所以是"竹"字头加一个工具的具字。

《说文解字》所提到的计数工具,就是我国古代人民独创的算筹。也就是一束细竹棍,也有制作得十分精致的骨制算筹。

算筹是时候发明的? 与我国古代的其他许多发明创造一样,由于年代久远,缺乏记载,已经难以确定了,不过至迟不会晚于春秋时期。我国春秋时期的著名思想家老子说过:"善算者不用筹策(善于计算的人可以不用算筹)。"可见那时候算筹已经被普遍使用了。

我们知道,我国是世界上最早发明十进位值制记数法的国家,算筹的发明,使这一记数法更臻完善。作为计算工具,它也是世界上最先进的。

古代算书记载了算筹的摆法。《孙子算经》强调"凡算之法,先识其位",记摆法为"一纵十横,百立千僵;千十相望,万百相当"。《夏侯阳算经》补充说:"满六以上,五在上方;六不积算,五不单张"。具体摆法是:

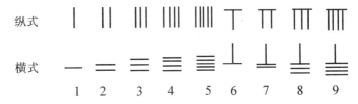

算筹的两种基本摆法

我们不妨设想一下,让古代的一名中国人和一名欧洲人同时做一道235×4的计算题,将会出现什么情景呢?

那位中国人只需先布置算筹如图1,然后用 ‖‖ 乘 ‖ 〓 ‖‖ 的首位,口呼乘法口诀"四二得八",同时在两数中间的空行置上 ⊤⊤,如图2;次呼"四三十二",同时于空行添置 ‖ 〓 (其中首位‖添在前面已置的 ⊤⊤‖ 上,成为 ⊤⊤‖),如图3;最后呼"四五二十",并在空行添置 〓 (添在前面已置的 〓 上,成为 〓),于是得出乘积 ⊤⊤‖〓(940),如图4。

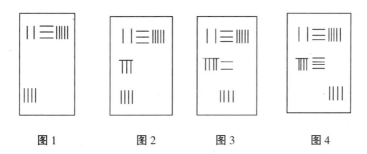

图1　　　　　图2　　　　　图3　　　　　图4

但是,那位欧洲人算起这道题来就不这么简单了。在 12 世纪以前,罗马记数法一直盛行于欧洲,由于它不是位值制的,使用起来相当麻烦。罗马记数法用 C 表示 100,X 表示 10,V 表示 5,Ⅰ 表示 1,但 4 不是记成 ⅢⅠ,而是记作Ⅳ(相当于 5 - 1),9 不是记作 VⅢⅠ,而是记作Ⅸ(相当于 10 - 1),类似地,40 记作 XL(L 表示 50),等等。因此,235 要记成 CCXXXV。用 4 去乘 235,就要把 CC、XXX、V 分别重复地写 4 遍:

CCCCCCCC;XXXXXXXXXXXX;VVVV

然后数出 5 个 C,改写成 D(D 表示 500),数出 10 个 X,改写成 C;再数出 4 个 V,改写成 XX。即:

DCCC;CXX;XX

再进一步合并,其中 4 个 X 又改写成 XL,这才得出乘积是 DCCCCXL(940)。

这该多么烦琐啊！难怪在中世纪的欧洲,连学者们也要为算术四则运算而大伤脑筋了。

然而,在春秋战国时期,算术四则运算在我国民间已成为常识。在进行筹算(即运用算筹进行运算)时,还相应地产生了一套算法语言,这就是具有汉语特色的算法歌诀。套用现代计算技术的术语,算筹和算法歌诀分别是我国古代筹算技术的"硬件"和"软件",二者相辅相成。从一则历史故事中,我们可以想见当时筹算技术的普及程度。

春秋时期,齐国有一位很有作为的国君,叫齐桓公(？—前 643)。他很想干一番大事业,需要罗致一批有学问的人为他出谋划策,于是就专门修了

49

一座招贤馆。可是过了一年,没有一个人登招贤馆的门。齐桓公正在发愁的时候,一个东野的老百姓应征来了。齐桓公十分高兴,立即把他请了进来。

齐桓公问:"你拿什么来证明你的才学呢?"

那人回答说:"算法歌诀'九九歌'就是我的见面礼。"

齐桓公一听,不觉大为扫兴。他讥讽地说:"'九九歌'也能用来显示你的才学吗?"

那人不慌不忙地说:"懂得'九九歌'确实只是一种浅薄的技能,但是,如果您对这样的人都能厚礼相待的话,那么天下人就能相信您有求贤的诚意。到了那个时候,您还愁招不来真正的贤士吗?"

这一席话,使齐桓公不禁连连点头,心想这人虽是山野之人,却谈吐不凡,于是非常恭敬地把他接到招贤馆住了下来。

这件事一传十、十传百,不出一个月,果然许多有学问的人纷纷从四面八方前来投奔齐桓公。齐国人才济济,国力日益强盛,齐桓公终于成了春秋时期的第一个霸主。

虽然故事中的齐桓公对以"九九歌"应征颇不以为然,但这并不说明他轻视数学。实际上,我国古代一些有作为的政治家、军事家,往往是很精通筹算之术的,古语"运筹帷幄",就含有这层意思。相传秦始皇出游东海时,还随身佩着装算筹的算袋呢!后来,他佩的算袋不慎失落海中,化作乌贼,故而乌贼有"算袋鱼"的别称。

算筹的发明和广泛使用,对我国古代数学的迅速发展产生了巨大而深远的影响。在筹算的基础上,我国逐步形成了具有独特风格的古代数学体系。精于计算,正是这个数学体系的一大特色。

度天下之方圆

我们中华民族勤劳、智慧的祖先，真不愧是创造发明的能手。在计算技术方面，他们发明了算筹；在几何学应用方面，他们也发明了两样构造简单而功效卓著的工具——"规"与"矩"。

"规"，就是画圆的圆规；"矩"，就是折成直角的曲尺。从遗存至今的历史文物中，我们还依稀可见古代"规矩"的模样。汉代武梁祠石室造像中，就有伏羲手执矩、女娲手执规的形象。伏羲和女娲是古代神话中中华民族的远古祖先。透过神话的色彩，我们可以想见，规矩的发明也是年代十分久远的事情。

汉代武梁祠石室造像

关于规矩的发明，流传着几种不同的传说。

有一种传说，规矩是春秋末期、战国初期的著名工匠鲁班发明的。当时，不少学者都曾论及规矩。如墨子说过："执其规矩，以度天下之方圆。"孟子说过："不以规矩，不能成方圆。"可见那时候规矩的应用已经相当普遍了。事实上，在20世纪初出土的商代甲骨文中，已发现有"规""矩"二字，说明规矩的发明应该在鲁班之前。当然，后来鲁班对规矩做过改进，这也是有可能的。

而另一种传说，规矩在鲁班出生1000多年之前就已经发明出来了。大禹治水的时候,还用规矩做过测量工具呢。

公元前21世纪的时候,我国正由原始社会向奴隶社会过渡,生产力的发展,使我们的祖先有可能大规模展开改造自然的斗争。他们世世代代在黄河的怀抱里生息、劳作,歌颂过金色的收获,也诅咒过黄色的水患。各个部落的人民联合起来,决心治理黄河,制服水患。

舜是当时部落联盟的首领,他派鲧领导治水。鲧治水非常努力,可是他不懂得按自然规律办事,一味采取堵截的办法来治水,结果越堵水患越严重,付出了惨重的代价。

鲧治水失败以后,舜又派鲧的儿子禹领导治水。禹汲取前人失败的教训,注意按自然规律办事,决定根据河流的走势疏浚河道,化害为利。为了规划出正确的治水方案,他不避艰辛,翻山越岭,实地勘察山川形势。今天,在黄河三门峡的鬼门岩上,还可以见到一处形状像马蹄印的石坑,传说那就是禹当年跃马临川留下的痕迹。

司马迁在《史记》中生动地记述了大禹治水的事迹。他写道:"(禹)陆行乘车,水行乘舟,泥行乘橇,山行乘辇,左准绳,右规矩,载四时,以开九州,通九道。"这里特别提到了禹随身携带的测量工具——准绳和规矩。的确,要完成勘察黄河沿岸山川形势的任务,没有先进的测量工具是不可能办到的。

禹坚持治水13年,"三过家门而不入",终于取得了治水的胜利。他为民造福的牺牲精神,传为千古美谈;他运用规矩"望山川之形,定高下之势",使数学工具在改造自然中大显奇功,也被历代数学家引为楷模,逐渐形成了我国古代数学注重实际应用的传统。

千年星移斗转,几度人间沧桑。古代人民在无数次测高望远、度圆划方的实践中,将规矩运用得出神入化。公元前11世纪末期的周朝初年,出了一位名叫商高的数学家,他在与政治家周公旦讨论数学时,对"用矩之道"作了一次精彩的理论总结。

他说:把矩平放在地上,可以定出绳子的铅直;把矩竖立起来,可以测量高度;把矩倒立过来,可以测量深度;把矩平卧在地上,可以测量两地之间的距离。矩旋转一周,就画成圆;两个矩合拢来,就形成一个方形。

他又说:知天文识地理的人是很有学问的,而这种学问就来自勾股测量,又依赖于矩的应用。矩与数结合起来,就可以设计和制作天下的万物。

商高说的前一段话,精炼地概括了矩广泛而灵活的用途;后一段话,更是道出了我国古代几何学的真髓。

第一,商高在这里指明了,在我国古代几何学中,形与数是结合在一起的,偏重于研究几何图形的度量性质(长度、面积等),几何学离不开计算。在西方,以古希腊几何学研究为发端,在很长时期内,形与数是分开研究的,只是到了近代,形与数才在解析几何学里得到了统一。因此,形数结合,是我国古代几何学的一个特点,也是一个优点。

第二,商高在这里特别强调了几何学与实践的密切联系。一方面,几何学知识来源于测高望远等社会实践;另一方面,几何学知识又广泛地应用于社会实践。我国古代几何学偏重于应用,这与古希腊几何学偏重于概念和逻辑结构的完美相比照,是一种完全不同的风格。这两种风格异其旨趣,各有所长。

我国古代几何学注重应用、形数结合的特点,在几何学研究的早期发展中显示出独特的优越性。商高在论"用矩之道"的时候,就提出了一个著名的命题:"勾三股四弦五。"它虽然只是勾股定理的一个特例,但却是世界数学史上关于勾股定理最早的一种陈述。勾股定理是反映形数关系的一个重要定理。由于我国古代很早就十分重视勾股测量,在丰富的实践中最先发现勾股形[①]的数量特征,应该是很自然的事情。

到了春秋战国时期,一方面,几何学知识应用得更加广泛;另一方面,丰富的实用几何学知识又为进行抽象的理论研究奠定了基础。在这样的历史条件下,我国古代科学宝库中又增添了一块瑰宝——《墨经》。

53

---

① 我国古代把直角三角形称勾股形。古书《周髀算经》不仅记载了勾股定理的特例"勾三股四弦五",而且在另一处讲"日中立竿测影"时,提出了勾股定理的一般形式:"勾股各自乘,并而开方除之,得(弦)。"

墨家的数学成就

　　春秋战国时期,社会经济基础的变革带来了学术思想的活跃,诸子蜂起,百家争鸣,出现了一个文化学术空前繁荣的局面。墨子(约前468—前376)创立的墨家,便是诸子百家中影响很大的一家,曾与孔子(前551—前479)创立的儒家并称为"世之显学"。

　　墨子名翟,早年曾经是一个技艺相当高超的工匠,创立墨家学派以后,学生也大多是下层社会的能工巧匠。

　　有一次,墨子在齐国听说楚王准备发兵攻打弱小的宋国,还请来鲁班打造了攻城的云梯,便急如星火地奔赴楚国。他步行了十天十夜,一双脚板全都磨得血肉模糊,终于抢在楚王发兵之前赶到了楚国。他劝说楚王不要发动这场将给两国百

墨 翟

姓带来灾难的战争,可是楚王自恃兵力强大,又有云梯这般厉害的攻城器械,根本不听墨子的劝说。墨子便说:

　　"云梯固然厉害,难道宋国就不会有更厉害的防守办法吗?"

　　说罢,他解下自己的腰带,摆成城墙的样子,又拿起一块木片当作护城器械,当场与云梯模型比试起来。果然云梯攻不破他的防守。

　　楚王恼羞成怒,想杀掉墨子再发兵攻打宋国。不料墨子却仰面大笑起来:"你杀了我又有什么用呢? 我来之前,已经派我的学生禽滑釐带上300人赶到宋国去了,现在宋国早已做好了守城的准备。"

楚王知道，墨家素以组织严密、吃苦耐劳、英勇善战而闻名于天下，他的学生在执行使命时，即使上刀山下火海也绝不回头。无奈，楚王只好放弃了攻打宋国的计划。

墨家不仅身体力行地宣传贯彻他们的政治主张，表现出很强的战斗力，而且在思想上有明显的唯物主义倾向，重视生产劳动和科学实验，善于发现，勇于探索，因而在自然科学方面也有许多天才的创造。墨家对自然科学的造诣之深，在诸子百家中是独一无二的。他们著述的《墨经》6篇，涉及数学、力学、光学、逻辑学，不仅是我国古代自然科学的瑰宝，而且在世界自然科学发展史上也具有显赫的地位。

《墨经》中关于数学特别是几何学的命题，大约有20余条，言简意赅，包含着精当的数学概念、严密的逻辑推理和深刻的数学思想，构成了一个相当丰富和严谨的理论体系，其严谨、缜密的程度，足以与古希腊的《几何原本》相媲美。

《墨经》对一些数学概念给出了十分精当的定义，即使比照现代的有关定义也不显逊色。比如，关于圆和方的概念，《墨经》是这样定义的："圜，一中同长也。"圜，就是圆。这条定义是说，圆是有一个中心，周界到中心处处距离相等的图形。"方，柱隅四讙也。""柱隅"代表正方形的各边各角。这条定义是说，正方形是四边为等边、四角为等角的图形。

显然，这些定义与现代的有关定义是一致的。

特别值得一提的是，《墨经》中还有两条十分精辟的几何命题，其基本思想与现代公理化几何理论中的两条连续公理极为相似。这两条公理是《几何原本》中没有的，直到19世纪末才由德国数学家希尔伯特引入。它们揭示了直线上无穷点集的连续性质，在现代数学中具有极重要的地位。

第一条连续公理又叫"阿基米德公理"，它说：

设任意给定两线段 a 和 b，那么，a 重复相加若干次后，其和必可以大于 b。

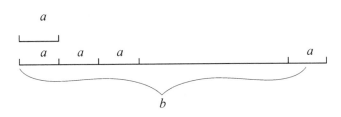

在《墨经》中，则有这样一条命题："穷，或有前，不容尺也。"意思是：如果一条直线是有限长的，那么用尺测量，一定可以超出这条直线。

第二条连续公理又叫"康托尔公理"，它说：

如果对一条线段进行无限次截取，使得每一次截得的线段 A_iB_i（$i=1,2,3,\cdots$）连同端点在内，都完全落在前面的线段 $A_{i-1}B_{i-1}$（$i=1,2,3,\cdots$）内部，并且要截多么短就可以截多么短，那么，一定存在唯一的一个点 C，落在所有的线段 A_0B_0、A_1B_1、A_2B_2、$\cdots$、A_nB_n 的内部。

在《墨经》中，也有这么一条命题："斫半，进前取也。前，则中无为半，犹端也。前后取，则端中也。"意思是：

如果把一条线段一次又一次地分割成两半，那么就可以一直做到不能再分割为止，这个不能再分割的就是一个点；如果每次都割去线段的前、后两小段，那么最后必然在线段的中间剩下一个点。

用不着作更多的说明，我们只需将《墨经》的这两条命题与现代公理化几何理论中的两条连续公理相对照，便不能不叹服我国的古代学者在数学的理论思维上，已经达到了何等深邃而精妙的程度；就这两条命题而言，是比古希腊几何学还要高出一筹的。

在2000多年前，墨家就在数学的理论研究方面取得如此卓著的成就，充分表明当时我国数学的发展，已经为进行系统的理论概括积累了十分丰富的材料；同时，它也表明，我国古代学者的理论思维在当时已经达到了相当高的水平。形式逻辑作为数学研究的工具，在古希腊学者手里，更偏重于演绎法。在我国古代数学研究中,既注重从数学应用的大量实际材料中归纳出一般的原理,也不乏建构演绎的数学理论体系的真知灼见,《墨经》就是一个成功的范例。

独特的几何证明

如果说《墨经》关于几何学的理论研究以其定义的精当、命题的严谨、思想的深邃，可以与古希腊的几何学体系媲美，那么，我国古代关于几何命题的证明，则以颇具特色的思想和方法，在世界数学史上独树一帜。

前面已经说过，在周朝初年，商高就已经发现了勾股定理的特例。这件事记载在一部叫作《周髀算经》的古书中。

《周髀算经》是一部天文学著作，也是我国最古老的数学著作之一。像其他许多年代久远的古代典籍一样，这部著作的作者和成书年代都已经无从查考。它可能不是由某一个人编著的。书中结集了周秦以至西汉随天文学研究而积累起来的学术成果，有些内容可以上溯到公元前6世纪，而商高与周公讨论数学的故事，更是上溯到了公元前11世纪末，但这部著作大约在公元前1世纪才最后编定。

公元3世纪时的三国时期，吴国有一位名叫赵爽的数学家，对《周髀算经》进行了注释。在注释到勾股定理时，他专门写了《勾股圆方图说》，并附了一幅"弦图"，对勾股定理作出严格而简洁的证明：

以弦为边长作一个正方形，它的面积称为"弦实"。在这个正方形内的4个直角三角形，其面积称

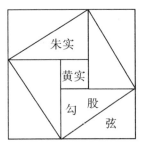

弦　图

为"朱实"(原图中涂以红色),每个"朱实"为$\frac{1}{2}$(勾×股),中间所围出的小正方形,其面积称为"黄实"(原图中涂以黄色)。这个小正方形的边长等于勾、股之差,所以"黄实"等于(股-勾)^2。因为"弦实"等于4个"朱实"与中间"黄实"的和,于是

$$弦^2 = 4 \times \frac{1}{2}(勾 \times 股) + (股 - 勾)^2$$

$$= 勾^2 + 股^2$$

对于这条定理,古希腊数学家是怎样证明的呢?

在欧几里得的《几何原本》中,对勾股定理的证明很复杂,需要先证明有关全等三角形以及三角形面积的一些定理,因此要拐弯抹角地做不少推导。所以勾股定理在《几何原本》中出现得很迟(第47命题),而且在全书中几乎没有再用到。《几何原本》对这个重要定理作这样的处理,是不合理的,由于受到它的逻辑体系和几何思想的限制,它也只能这样处理。

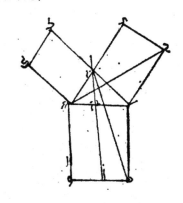

《几何原本》中勾股定理
的证明

与欧几里得的证明相比,赵爽的证明要简洁明快得多。有的西方数学史家评论说,这也许是最省力的证明。

赵爽证明勾股定理的方法,是把复杂的平面几何问题,归结为研究平面图形的面积,然后通过对面积的代数运算而完成对几何问题的证明。这是一种几何代数化的思想。这种思想方法,与古希腊几何学偏重于概念之间的逻辑关系,把形与数割裂开来,是完全不同的风格。

赵爽在《勾股圆方图说》中,还运用这种思想证明了一系列勾股形恒等式,都是将平面图形进行移、合、拼、补,通过代数运算而得到的。什么是勾股形恒等式呢?在勾股形中,勾、股、弦及其和、差共有9个量,如果已知其中任意两个量而求其他的量,解这类问题导出的一系列恒等式就叫勾股形恒

等式。这类互求问题共有 36 种,赵爽当时解决了 24 种。

这些重要结果,远比古希腊几何学关于直角三角形的研究内容深刻和丰富。

还要提到的是,与赵爽大约同时的刘徽,对勾股定理也给出了一个证明,其基本思想也是利用平面图形的面积,巧妙地加以移、合、拼、补之后,甚至无须代数运算,而勾、股、弦之间的关系便可一目了然。

刘徽的证明大体上是这样的:

如图所示,*ABC* 为勾股形,以勾为边的正方形为朱方,以股为边的正方形为青方。按图中的标示进行出入相补("-"号表示移出,"+"号表示补入)后拼成弦方,依面积关系显然有关系式

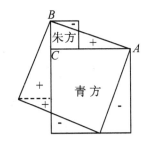

"出入相补"法证明勾股定理

弦方 = 朱方 + 青方

即　　$弦^2 = 勾^2 + 股^2$

运用这个图形,甚至不需要标注任何文字,只要按图所示涂以朱、青二色,就能把这种证明思想表示得清清楚楚。

这种证明方法的理论依据是什么呢?刘徽提出了一个几何基本原理,称为"出入相补"。这个原理是说:一个平面图形从一处移置到另一处,面积不变;若把图形分割成若干块,那么各部分面积的和等于原来图形的面积。立体的情形也有类似的结论。"出入相补原理",在我国古代几何理论中占有很重要的地位。

用现代的观点来看,刘徽证明勾股定理所用的这张"出入相补图",达到了几何图形的直观性与逻辑推理的严谨性的高度统一,信息量是相当大的。

进入"太空时代"以来,寻找"外星人"成了对人类颇有诱惑力的一个幻想。如果茫茫宇宙中真的存在"外星人",在没有共同语言的情况下,我们人类用什么媒介与他们沟通信息呢?

1972 年发射的星际飞船"先锋 10 号",已经给"外星人"送去了一块由美国科学家设计的信息板,上面最引人注目的是两个正在招手致意的地球

人形象。这种设计能不能使"外星人"理解地球人的友好感情,曾经引起过不少争议。华罗庚教授提出,最好是送几张表示数和形的图去,其中就可送去刘徽证明勾股定理的"出入相补图"。如果外星球真有高级生物,那么,他们接收到这张图后,很快就能理解,给他们送图的"邻居"不但懂得数形关系(勾股定理),而且善于几何证明,必定是具有高度智慧和文明的友邻。

照我们看来,华罗庚教授提出的这个方案比"先锋 10 号"的信息板合理得多。

独特的几何证明

东方的数学丰碑

"今有上等禾 3 捆,中等禾 2 捆,下等禾 1 捆,共打谷 39 斗;上等禾 2 捆,中等禾 3 捆,下等禾 1 捆,共打谷 34 斗;上等禾 1 捆,中等禾 2 捆,下等禾 3 捆,共打谷 26 斗。问上、中、下 3 种禾每捆各打谷多少?"

试试看,你能正确地解答这道数学应用题吗?

这是一道十分古老的数学题,收录在我国古代数学著作《九章算术》里,距今至少有 1900 年了。

《九章算术》是由谁、在什么时候开始编纂的,已经难以确考了。据数学史家研究,这部著作是秦汉时期我国数学家历时一两百年之久的集体智慧结晶,汇集了当时数学研究的主要成就,至迟在公元 1 世纪就形成了流传至今的定本。

《九章算术》是用问题集的形式编写的,一共收录了 246 道数学应用题,分为"方田""粟米""衰分""少广""商功""均输""盈不足""方程""勾股"九章。前面提到的那道数学应用题,就是"方程"章的第一道题。书中不仅给出了各道题的答案,还详细叙述了解题的方法和原理,也有几章,是先介绍某种一般方法和原理,再列出若干例题。因此,《九章算术》是一部结合典型例题系统地介绍数学理论和方法的著作。这种编写方法,有利于启发人们触类旁通,举一反三,反映了我国古代数学一贯注重实际应用的传统,对后世数学家产生了深刻的影响。

《九章算术》中的各类数学问题，都是从我国古代人民丰富的社会实践中提炼出来的，与当时的社会生产、经济、政治有着密切的联系。

第一章"方田"，主要讲各种形状田亩面积的计算，同时系统地叙述了分数的计算法则；第二章"粟米"，讲各种比例算法，特别是关于各种谷物间的比例交换问题；第三章"衰分"，讲一些比例分配问题；第四章"少广"，专讲开平方、开立方、开立圆问题；第五章"商功"，专讲土木工程中提出的各种数学问题，主要是各种立体体积的算法；第六章"均输"，讲如何按人口多少、路途远近、谷物贵贱，合理摊派捐税徭役的算法，即复比例问题；第七章"盈不足"，介绍了一种叫作"盈不足术"的重要数学方法，问题涉及的内容则多与商业有关；第八章"方程"，系统地介绍了线性方程组的解法，其中还提出了正负数的概念及其加减运算法则；第九章"勾股"，讲勾股定理的各种应用，还提出了二次方程的解法。

世界上很难找到一部像《九章算术》这样的数学著作，包罗了如此丰富而深刻的数学知识，又与社会经济生活密切相关。它的问世，标志着我国古代完整的数学体系已经形成，成为我国古代数学发展的一座重要里程碑。《九章算术》以一系列"世界之最"的成就，反映出我国古代数学在秦汉时期已经在全世界领先发展。这种领先地位，一直保持到 14 世纪初叶。

《九章算术》最早系统地叙述了分数约分、通分和四则运算的法则。像这样系统的叙述，印度到 7 世纪时才出现，欧洲就更迟了。欧洲中世纪时做整数四则运算就够难的了，做分数运算更是"难于上青天"，西方有一句谚语，形容一个人陷入困境，就说他"掉进分数里去了"。

《九章算术》最早提出了正负数的概念并系统地叙述了正负数的加减法则。负数概念的提出，是人类关于数的概念一次意义重大的飞跃。印度 7 世纪时才出现负数概念，欧洲则是到 17 世纪才有人认识负数。

《九章算术》提出的"盈不足术"，也是我国古代数学的一项杰出创造。有些形式上不属于盈不足类型而又相当难解的算术问题，只要作两次假设，就可以化为盈不足问题，用中国独创的"盈不足术"求解。这种方法可能在 9

世纪时传入阿拉伯,13 世纪时又由阿拉伯传入欧洲。意大利数学家斐波纳奇(约1170—约1240)最先向欧洲介绍了这种算法,并把它称为"契丹算法"(即"中国算法")。

《九章算术》中最引人注目的成就之一,是它在世界上最早提出了联立一次方程(即线性方程组)的概念,并系统地总结了联立一次方程的解法。

为了说明《九章算术》的这一成就,让我们回到前面提到的那道应用题上来。你不妨把自己的解法与下面介绍的《九章算术》的解法作一个对照。

解答这个问题,用你在初中一年级学会的解法,就是要解三元一次方程组

$$\begin{cases} 3x + 2y + z = 39 \\ 2x + 3y + z = 34 \\ x + 2y + 3z = 26 \end{cases}$$

其中 x、y、z 分别设为上、中、下禾每捆打得谷的斗数。

在《九章算术》中,首先是用算筹布列出一个方阵(为了适合现代通用的数学书写方式,我们把算筹数码改写成阿拉伯数码,把从右到左直行排列方式改成从上到下横行排列方式,又添加了括号把这个方阵括起来):

$$\begin{pmatrix} 3 & 2 & 1 & 39 \\ 2 & 3 & 1 & 34 \\ 1 & 2 & 3 & 26 \end{pmatrix}$$

我国古代算书中的"方程",指的就是这种方阵。不难看出,这里布列的方阵恰恰就是由上面所列的那个方程组的各项系数及常数项依序排成的。

方阵布好以后,就用一种"遍乘直除"(这里的"除"是减的意思,"直除"就是连续相减)的方法,对方阵进行变换。

先用上行首项遍乘中行各项,得到

$$\begin{pmatrix} 3 & 2 & 1 & 39 \\ 6 & 9 & 3 & 102 \\ 1 & 2 & 3 & 26 \end{pmatrix}$$

再把中行各项连续地减去上行各对应项,直到使中行首项为零(在这里只需连续两次相减),得到

$$\begin{pmatrix} 3 & 2 & 1 & 39 \\ 0 & 5 & 1 & 24 \\ 1 & 2 & 3 & 26 \end{pmatrix}$$

又用同样的方法,以上行首项遍乘下行各项,然后将下行各项直除上行各对应项,直到使下行首项为零,得到

$$\begin{pmatrix} 3 & 2 & 1 & 39 \\ 0 & 5 & 1 & 24 \\ 0 & 4 & 8 & 39 \end{pmatrix}$$

接下来,以中行第二项遍乘下行各项,再将下行各项直除中行各对应项,直到使下行中项也为零,得到

$$\begin{pmatrix} 3 & 2 & 1 & 39 \\ 0 & 5 & 1 & 24 \\ 0 & 0 & 36 & 99 \end{pmatrix}$$

现在这个方阵的下行相当于方程 $36z = 99$,于是得 $z = \dfrac{99}{36}$,

约分化简,得 $z = \dfrac{11}{4}$。

类似可得上等禾每捆打谷 $\dfrac{37}{4}$ 斗,中等禾每捆打谷 $\dfrac{17}{4}$ 斗。

不难发现,《九章算术》中所用的"遍乘直除法",实质上就是你在初中学习的"加减消元法"。不过你是采取某一对应项的系数互乘,然后只需一次相减,就可消去一个元,而不是像《九章算术》那样,仅仅"一面"乘,然后多次相减消元。你的解法当然更简便一些。但是,你当然也不会忘记,《九章算术》出现在 1900 多年以前。在那遥远的古代,我们的祖先已经总结出了这种程序化的解题方法,而在印度,7 世纪时才出现线性方程组的解法;在欧洲,最早提出三元一次方程组解法的是 16 世纪的法国数学家。

不难看出,《九章算术》的"遍乘直除法",实际上是现代高等代数中用矩阵的初等变换解线性方程组方法的雏形。

在初等代数的发展中,方程问题始终占据着中心地位。对方程的研究是沿着两个方向进行的:方程的元数由一元而多元,方程的次数由一次而高次。线性方程组解法,则是全部方程问题的基础,又是现代高等代数的一个起点。我国古代从《九章算术》提出线性方程组解法,到13世纪宋元时期数学家提出"天元术""四元术"及高次数字方程解法,在研究方程问题的两个方向上都是遥遥领先的。

近代以来,世界历史研究中长期弥漫着一种"西方中心论"的错误思潮,一些数学史研究者往往把西方的科学文化传统当成唯一"正宗"的参照系,曲解甚至漠视我国古代的数学成就。但珍珠的光彩是不会在历史的烟尘中湮灭的。美国著名数学史家史密斯就曾公正地评论说:"许多事实证明,中华民族是富有才华的,中国人是建立早期数学科学的先驱者。"

富于创见的注经人

公元 3 世纪,由三国到魏晋的这一时期,我国历史舞台上人才辈出,群英荟萃,不仅出现了曹操、诸葛亮、周瑜等富有文韬武略的杰出政治家、军事家,出现了华佗这样的"神医",而且还出现了赵爽、刘徽等卓越的数学家。

赵爽以注释《周髀算经》而闻名,刘徽(约 225—295)则是以他的《九章算术注》,大大丰富和发展了以《九章算术》为代表的我国古代数学体系,成为世界上伟大的数学家之一。

刘徽的身世履历缺乏详细的历史记载。我们只知道他的家乡是在曹魏统治下的北方,今山东省邹平一带。刘徽是在 263 年撰写《九章算术注》的,也就在这一年,蜀国后主刘禅成了魏军的阶下囚,此后两年,司马氏取代曹氏而建立了晋王朝。

刘　徽

当时,《九章算术》形成传世的定本至少已有 200 年。其间,《九章算术》已成为我国传播数学知识的主要著作,东汉朝廷曾明令将《九章算术》作为全国校核度量衡的数学依据。但是,《九章算术》偏重于介绍解题方法,对其内涵或依据的数学原理做理论上的论证显得不够。虽有不少学者对《九章算术》颇有研究,却少有兴趣作深入的理论阐发。

刘徽在少年时代就认真学习了《九章算术》,成年以后又反复、深入地研读,在深入发掘《九章算术》深邃数学思想的同时,还得出了很多新颖、独到的见解。为了使这部数学经典的学术思想流传后代、发扬光大,他倾注自己的心血撰写了《九章算术注》。

刘徽特别注重深入探求数学的一般原理。他认为,数学就像树干上分出许多枝条一样,是有共通的基本原理可循的,掌握了基本原理,就可以举一反三、广泛应用。《九章算术注》自始至终都贯穿了这种思想。他对《九章算术》中的各种数学方法做了系统的论证,阐释其中的一般原理。由于刘徽的注释,《九章算术》中的许多数学概念得到更严格的表述,许多数学方法得到推广或创新。

刘徽的治学态度十分严谨。在为《九章算术》作注的过程中,他刻意探求前人的数学思想,但又不迷信前人、墨守旧说,敢于纠正前人的错误,根据社会实践中积累的新知识,提出新的见解,创造新的方法。他也以同样的求实精神对待自己,勇于公开承认自己的"无知",把不成熟的见解提出来留待后人深入研究。

关于球体体积计算公式的研究就是一个生动的例子。《九章算术》中的这个公式很不精确,东汉时大科学家张衡(78—139)曾试图改进,结果误差反而更大。刘徽直率地批评了张衡"不顾疏密"的错误。他提出,可以通过计算一种叫作"牟合方盖"的复杂立体的体积,来推求球体的体积,但是,他未能求出"牟合方盖"的体积。他把自己解决球体体积问题的思路和未能解决的问题都写进《九章算术注》里,坦诚地说:我本来很想推究出"牟合方盖"的性质,但唯恐违背正理,因此把它作为一个疑问记录下来,留待后人解决。200多年以后,祖冲之和他儿子祖暅在刘徽的基础上,终于出色地解决了球体体积的计算问题,并把刘徽研究这个问题的思想发展成一种严谨的体积理论,后人称之为"祖暅原理"。

刘徽的《九章算术注》创见很多。

刘徽正确地说明了正、负数的意义,指出:"今两算得失相反,要令正负以名之。"就是说,得失相反的两种量,要分别记成正数和负数。他还论及了正、负数的绝对值概念。

刘徽系统地总结和发展了我国古代独特的几何理论,明确提出了"出入相补原理",并运用这一原理证明了一系列几何命题。

刘徽也是世界上最早创造十进小数记法的人,在他之后将近1200年,才有阿拉伯数学家阿尔·卡西(?—1429)使用十进小数。

刘徽还专门撰写了一卷"重差术"作为《九章算术注》的附录,把我国古代测量数学的水平又向前推进了一大步。运用"重差术"测高望远的结果之精确,与西方的三角测量异曲同工。到唐代的时候,这一卷被抽出来作为一部独立的著作,称为《海岛算经》。

刘徽最伟大的数学成就,是他在研究圆周率的过程中,创造了"割圆术"这一数学方法。

"割圆术"是怎么回事呢?

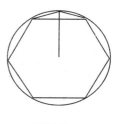

割圆术

我们知道,圆周率是指圆的周长与直径的比率。在刘徽之前,我国通常采用的是"周三径一"的"古率",即取圆周率为3,很不精确。刘徽指出,"古率"实际上是圆内接正6边形周长与圆的直径之比,而不是圆的周长与直径之比。他也由此得到启发:如果把圆周分割成12等份,作出圆内接正12边形,那么它的面积和周长就相应地比圆内接正6边形更接近于圆的面积和周长,因而用圆内接正12边形周长与圆直径之比作圆周率的近似值,就比"周三径一"精确一些。如果再进一步细分,作出圆内接正24边形,那么又可求出更精确一些的圆周率近似值。"割之弥细,所失弥少。割之又割,以至于不可割,则与圆合体而无所失矣。"这就是刘徽"割圆"的思想。

刘徽运用"割圆术",从圆内接正6边形一直割到圆内接正192边形,得出圆周率的不足近似值为3.14,用分数表示是157/50。用同样的方法,继续分割下去,一直割到圆内接正3072边形,求得圆周率的近似值为3927/1250(约等于3.1416)。这个结果是当时世界上圆周率的最佳近似值。

刘徽的"割圆术",是一种包含极限思想的数学方法。圆周是一条曲线,

69

圆的直径是一条直线,曲与直是一对矛盾。刘徽的"割圆术"化曲为直,以直代曲,只要把圆周分割得足够细,那么圆内接正多边形的面积和周长就可以充分地接近圆的面积和周长,从而圆周率要多么精确就可以计算得多么精确。这在本质上是一种辩证法的思想。刘徽在 1700 多年以前的数学研究中就获得了朴素的辩证法思想,是非常伟大的。

历史上,古希腊人也曾发明"割圆术",但刘徽是独立创造这一方法的;运用"割圆术"由圆内接正多边形逼近圆周,从而计算圆周率的近似值,则是刘徽所首创。

他的这一创举,开启了我国古代圆周率研究的新纪元。200 多年后,祖冲之在圆周率研究中取得了划时代的伟大成就。

纪录保持了一千年

　　月儿高高挂在天上，诱发了人们多少美好的遐思——于是，产生了嫦娥奔月的动人故事，产生了大诗人苏东坡的优美诗句："明月几时有？把酒问青天。不知天上宫阙，今夕是何年？我欲乘风归去，又恐琼楼玉宇，高处不胜寒。起舞弄清影，何似在人间！"

　　现代科学技术，已经使人类的视线扫描了月球的每一处角落；1969 年 7 月 20 日，月球上第一次留下了人类的足迹。当古人的幻想变成现实的时候，人们发现，月球冷清寂寞的荒原上，到处都分布着环形山。

　　是古往今来的科学家为人类插上了登月的翅膀，于是，人们就用一些伟大科学家的名字给月球上的环形山命名。有一座环形山，被命名为"祖冲之山"。

　　祖冲之(429—500)，生活在我国南北朝时期。

　　这时，遥远的地中海地区正在发生历史的转折——476 年，西罗马帝国灭亡了，标志着欧洲奴隶社会历史的终结和中世纪黑暗的开始；而在我国，封建制度已经存在了将近 1000 年，虽然这时出现了南北对峙的分裂局面，但总的来说，我国的封建制度仍呈上升发展的势头。这些远较中世纪欧洲优越的社会条件，为我国古代科学技术长久地保持世界领先地位提供了肥沃、厚实的土壤，也造就了祖冲之这样的大科学家。

祖冲之

祖冲之出生在一个几代人都对天文历法很有研究的家庭里。研究天文历法必须有深厚的数学功底,因此在这个有天文历法研究传统的家庭里,对祖冲之从小就教育很严,让他"专攻数术"。

祖冲之小时候并不很聪明,他自己回忆说,还很"钝愚"。但是,他学习十分刻苦,广泛搜求各种科学著作,认真研读。特别可贵的是,他在学习中决不囫囵吞枣、轻信盲从,而是殚思竭虑,穷根究底,深入探究深奥的科学道理,对前人的见解一一加以考察核验,既博采前人的精华,又批判前人的谬误,决不"虚推古人"。经过这样刻苦的研读,祖冲之在青年时代就已经成了一个很有学问的人,进了朝廷的学术机关华林省。后来,祖冲之担任了公职,在繁杂琐碎的公务之余,仍孜孜不倦地致力于科学研究,终于在33岁前后,同时在数学和天文学方面取得了伟大的成就。

祖冲之在数学方面最伟大的成就,是关于圆周率的研究。

我国古代数学家对圆周率的研究历久不衰,有很好的基础。东汉大科学家张衡用 $\sqrt{10}$ 表示圆周率,刘徽《九章算术注》中得出圆周率的分数值3927/1250,这些都是当时世界第一流水平的成就。祖冲之对前人的成果作了认真的研究,并不满足,于是继续推算,终于得出了更精确的结果:

$$3.1415926 < \pi < 3.1415927$$

另外又给出了圆周率的两个分数值:"约率" $\frac{22}{7}$ 和"密率" $\frac{355}{113}$。

祖冲之的这一成就,创造了数学史上圆周率研究的世界纪录。把圆周率这个无理数(无限不循环小数)限定在两个数值之间,这本身就是一个创见,而祖冲之给出的这两个不足近似值和过剩近似值精确到小数点后第7位,更是当时世界上的最好结果。"约率"和"密率"很便于记忆,尤其是"密率"355/113(等于3.1415929…)准确到6位小数,而且是分子、分母在1000以内表示圆周率的最佳渐近分数。

祖冲之的这项世界纪录,保持了1000年以上,才有阿拉伯数学家阿尔·卡西(1427)求出圆周率更精确的数值;德国数学家奥托重新得到355/113

这个分数形式的结果，已是 1573 年。因此人们把 355/113 称为"祖率"，以纪念祖冲之在圆周率研究方面的卓越贡献。

祖冲之是怎样求得这些结果的呢？

祖冲之的数学著作早已失传，因此无法确切地知道祖冲之的推算方法。据数学史家分析，他很可能是采用了刘徽的"割圆术"。如果这个分析不错的话，那么，祖冲之就需要从圆内接正 6 边形一直分割到圆内接正 12288 边形和圆内接正 24576 边形，依次求出各个多边形的周长。这个计算量是相当巨大的，至少要对 9 位数字反复进行 130 次以上的各种运算，光是乘方和开方就有近 50 次，运算过程中的有效数字达十七八位之多。任何一点微小的失误，都会导致推算的失败。这需要多么坚韧顽强的意志和严谨细致的作风啊！

深厚扎实的数学功底，严谨求实的科学态度，加上十几年如一日地坚持天文观测，使祖冲之在研究圆周率取得卓越成就的同时，在天文学研究方面也取得了辉煌的成就。他编制的新历法——《大明历》，对旧的历法进行了重大的改革。这一成就，又使他成为我国历史上伟大的天文学家之一。

《大明历》编成以后，祖冲之奏请朝廷批准颁行，但遭到以戴法兴为首的一帮守旧官僚的竭力反对。他们仗着权势，蛮横地说古人制定的历法"万世不易"，诬蔑祖冲之改革历法的行动是"诬天背经"，又说天文历法"非凡夫所测"，"非冲之浅虑，妄可穿凿"。

科学与迷信从来势不两立。作为一个科学家，虽然当时祖冲之官职卑微，但面对权臣的淫威却毫无惧色，写出气势磅礴的《驳议》，与以戴法兴为代表的守旧官僚展开了针锋相对的论战。

尽管真理在祖冲之这一边，权势却掌握在守旧派手里，《大明历》仍然被压制了 40 多年。500 年，祖冲之去世了，他的儿子祖暅继承父亲的遗志，两次向朝廷要求修改历法，终于使《大明历》在 510 年由朝廷正式颁行。

祖暅也是一位杰出的数学家。他一生中经历了不少坎坷。先是由于在治淮工程中获罪受了徒刑，后来又曾被北朝拘执软禁。无论是身处逆境，还

73

纪录保持了一千年

是仕途顺利,祖暅都始终坚持研究数学和天文学。他在数学上的一项杰出成就,就是继承刘徽提出的通过研究"牟合方盖"推求球体积的思想,完成了刘徽这项未竟的研究,正确地得出了球体积的计算公式,同时明确地提出了"任一等高处横截面积相等的两个立体,它们的体积也必相等"这样一个结论,这就是著名的"祖暅原理"。这个结论在西方以"卡瓦列里公理"的形式出现(卡瓦列里,1598—1647,意大利数学家),比"祖暅原理"要晚1100余年。

祖冲之与祖暅父子曾经编著过一部《缀术》,在唐代曾是朝廷钦定的数学教科书。令人惋惜的是,这部"指要精密,算氏之最""时人称之精妙"的珍贵数学名著,后来竟失传了。

祖氏父子的数学著作虽然失传了,但他们对科学的贡献却是永远不会磨灭的。月球上的"祖冲之山",就是这位伟大科学家一座永恒的纪念碑。

古算精华集大成

　　我国封建社会历经 1000 多年的发展,到隋唐时期达到了空前的繁荣。国家的统一,中央政权的强大,经济的繁荣,国力的强盛,文化的昌明,都是当时世界其他地区望尘莫及、叹为观止的,真是"物华天宝,人杰地灵",灿烂的中国古代文明,发出了更加绚丽夺目的光彩。秦汉时期形成的我国古代数学体系,发展到这一时期,内容也更加丰富了。

　　隋唐时期,数学教育得到朝廷的重视。在当时的国立高等学府——国子监中,专门增设了算学馆,招收学生,教习数学,培养通晓数学的专门人才。唐代还在科举考试中开考数学科目,通晓数学的知识分子可以通过科举考试而求得官职。

　　唐代的一位地方行政长官、青州尚书杨损,任人唯贤,在提拔下级官员时总要听取各方面的意见,实行严格的考察。有一次,有两名下级官员,年龄、资历、工作实绩等方面的条件不分上下,大家反映两人都可提拔。怎样把其中更优秀的人才选拔出来呢? 杨损很费踌躇,终于想出了一个好主意。

　　他把那两名下级官员招来,给他们出了一道数学题:

　　"有一个人傍晚从树林边路过,无意中听到一群盗贼正在议论如何分赃:如果每人分 6 匹布,就还剩下 5 匹;如果每人分 7 匹布,就又差 8 匹。问有多少个盗贼、多少匹布?"

　　这是一道典型的"盈不足"问题。把我国古代的"盈不足术"用现代的数学符号表示,就是:假设每人分布 a_1,盈 b_1;每人分布 a_2,不足 b_2。记人数为 m,布匹数为 n,则

$$m = \frac{b_1 + b_2}{|a_1 - a_2|}, \quad n = \frac{a_1 b_2 + a_2 b_1}{|a_1 - a_2|}。$$

在本题中,代入上式,即可求得 $m = 13$(人), $n = 83$(匹)。

那两名下级官员中,有一名看来十分熟悉盈不足术,很快就交上了正确的答卷。于是,他得到了提拔。通过一场数学竞赛选拔了优秀人才,大家都对杨损佩服得五体投地。

为了提高数学教育的水平,初唐永徽年间(650—655),唐高宗李治敕令议大夫李淳风率国子监算学博士等人审定并注释了历代的 10 部数学著作,后世通称为"算经十书",由高宗钦定为国子监算学馆的教科书。国子监规定了各部算经的修业年限,全部修完需要 6~7 年。科举考试中数学科目的命题,也以这 10 部算经为依据。

我国古代的科举制度,常常把读书人引进"皓首穷经"的窄胡同。在国子监里苦读算经,脱离社会实践,究竟能培养出多少有真才实学的数学人才,是大可怀疑的。但是,"算经十书"汇集了我国从秦汉到初唐七八百年间数学成就的大成,使这些数学经典得以较完整地流传于世,则是功不可没的。

这 10 部算经,除了前面已经介绍过的《周髀算经》《九章算术》《海岛算经》《缀术》外,还有《张丘建算经》《夏侯阳算经》《五经算术》《缉古算经》《五曹算经》和《孙子算经》。

《缉古算经》是初唐数学家王孝通所著。我国在隋代重归统一以后,展开了开运河、筑长城、修堤坝、架桥梁、建宫廷寺院等规模宏大的土木工程,对数学知识和计算技能提出了比前代更高的要求。王孝通继承和发扬我国古代数学研究的优秀传统,刻意搜求前人没有研究或未解决的实际问题,加以提炼和探讨,取得了很大成就。他在《缉古算经》中收入了天文、土木、容积、勾股 4 种类型共 20 道题,大都较难,有的题答案达 27 个之多。《缉古算

经》最卓越的成就是提出了三次方程,并给出了求三次方程正根的方法,比欧洲人研究三次方程问题要早 600 多年。

《张丘建算经》创作于南北朝时期,大约是在 466—485 年写成的。书中涉及广泛的社会实际问题,其中最后一题就是世界闻名的"百鸡问题":"今有鸡翁一,直钱五;鸡母一,直钱三;鸡雏三,直钱一。凡百钱买鸡百只,问鸡翁母雏各几何?"

根据题意,可列出方程组

$$\begin{cases} x + y + z = 100 \\ 5x + 3y + \dfrac{1}{3}z = 100 \end{cases}$$

其中 x、y、z 分别为鸡翁、鸡母和鸡雏的只数。

由两个方程求三个未知数,是不定方程问题。书中十分精炼地给出了这个问题的解法和全部正确答案(有 3 组整数解):

$$\begin{cases} x = 4 \\ y = 18 \\ z = 78, \end{cases} \qquad \begin{cases} x = 8 \\ y = 11 \\ z = 81, \end{cases} \qquad \begin{cases} x = 12 \\ y = 4 \\ z = 84。 \end{cases}$$

《孙子算经》也是一部在世界数学史上占有显著地位的数学著作,但它的作者并不是那位以《孙子兵法》驰名于世的伟大军事家孙武,成书年代也晚得多,大约写作于南北朝时期,比《张丘建算经》问世要早。我国古代的军事术语"运筹"一词,含有运用算筹规划作战方略的意思,蕴含着一种很深刻的数学思想。善于"运筹帷幄"的军事家孙子,想必也是精通数学的。《孙子算经》借用他的英名流传于世,可能是出于作者对这位伟大先哲的仰慕吧!

《孙子算经》中最著名的问题,是"物不知数"问题。这道题是这样的:

"今有物,不知其数。三三数之,剩二;五五数之,剩三;七七数之,剩二。问物几何?"

这道题也是一个不定方程问题,在数论中属于一次同余问题。《孙子算经》给出了它的一般解法,人们把这个解法编成了一首朗朗上口的歌诀:

77

三人同行七十稀,五树梅花廿一枝,

七子团圆正半月,除百零五便得知。

把它写成算式就是:

$$N = 70r_1 + 21r_2 + 15r_3 - 105P$$

其中 N 是所要求的物体总数,r_1、r_2、r_3 分别为各次剩余数,P 是一个正整数。在这个算式中,如果把 $r_1 = 2, r_2 = 3, r_3 = 2$ 代入,并取 $P = 2$,就求得 $N = 23$,这是这个问题的最小正整数解。

就这道题本身而言,当然也可以只用心算就把正确答案得出来(你不妨也试一试)。《孙子算经》的成就在于,它对"物不知数"问题的解法具有一般性,可以推广到一般的一次同余问题。这种推广,是由 13 世纪时南宋著名数学家秦九韶完成的,这就是有名的"大衍求一术"。在欧洲,到 1801 年才由高斯给出了"物不知数"问题的一般定理,比《孙子算经》晚 1000 多年,比秦九韶也要晚 500 多年。因此,在世界数学史上,这个定理被称为"中国剩余定理",也称为"孙子定理"。这是我国古代数学的又一伟大成就。

我国古代对一次同余理论作出这样精深的研究,与天文学的发达有着密切的关系。古代天文学家在编制历法时,需要解联立一次同余式,在《孙子算经》之前,天文学家就已经能够解决复杂的一次同余问题了。因此,我国古代很多著名的科学家,既是天文学家,也是数学家。唐代的一行和尚,就是一位对天文、数学都深有造诣的科学大师。

一行(673 或 683—727)本名张遂。他从小刻苦好学,"博览经史",因不屑与权贵交往,年轻时隐居河南嵩山,削发为僧,求师于普寂大师门下。

一行出家后继续勤奋攻读,很受普寂大师赏识。有一次,大师请来 1000 余名高僧、隐士聚会,一位学问渊博的隐士写了一篇很艰深的文章,对大师说:请你选一名聪明的徒弟,我愿亲自向他讲授。大师便把一行招来。谁知一行只把文章浏览了一遍,就能一字不漏地背诵出来。这位隐士

一 行

惊愕不已,对大师说:这个徒弟已经不是你所能够教导的了,应当让他出去游方求学。于是,一行不远千里,遍游名山,四处求师访贤,终于成了一位大科学家。

717年,唐玄宗令一行主持编修新历。一行以严谨的科学态度,领导进行了大规模的天象观测和大地实测。他是世界上用科学方法进行地球子午线实测的第一人。为了使新历更好地切合太阳视运行不匀速这一事实,一行创立了"自变量不等间距二次内插公式"。这是数学史上的一项重要成就。经天文观测的实际检验,证明一行主修的《大衍历》是当时最好的历法。

隋唐时期,我国与朝鲜、日本、印度等近邻的文化学术交流也十分活跃,并在其后的岁月里继续发展。这样,我国古代数学的杰出成就,就对这些亚洲近邻以至中东地区的阿拉伯国家,产生了深远的影响。朝鲜和日本的数学教育制度和教科书,基本上是从我国引进的。我国古代算经中的有些数学问题,后来也几乎是未加改动地出现在印度的数学著作中。

东方民族的数学研究在文化交流中相得益彰,使东方在漫长的中世纪里,成为世界数学发展的中心。

宋元四大家

700 多年前，一位叫马可·波罗的意大利青年，怀着对东方的向往，沿着"丝绸之路"历经 3 年半的艰苦跋涉，于 1275 年初夏来到了中国。东方这片神奇的土地使他流连忘返，17 年之后，他才带着大量珍奇的珠宝和珠宝般珍奇的见闻，返回自己的祖国。后来，他请人代笔著述了《东方见闻录》，即有名的《马可·波罗游记》。这部游记向欧洲展现了一种前所未闻的东方文明，那里不但有广袤的土地，富饶的物产，繁华的都市，幽美的田园，而且有先进的生产技术，众多的发明创造。这一切，在欧洲人心目中都是神话般不可思议的奇迹，他们惊呆了。

这就是 13 世纪时的情形。这时，我国的科学技术已经在世界上领先发展了 1000 余年；造纸术、印刷术、火药和指南针，这四项中华民族的伟大发明，在 13 世纪前后陆续传入欧洲，使欧洲人得以利用这些先进的科技成就，锻造刺破中世纪黑暗的利剑。我国的古代数学体系，历经 1000 多年的发展，这时也达到了光辉的顶峰，尤其是在代数学方面，取得无与伦比的新成就，为世界数学的发展作出了辉煌的贡献。

这一时期我国数学的代表人物，是 13 世纪 40 年代到 14 世纪初的 50 多年间出现的四大数学家：秦九韶、杨辉、李冶、朱世杰。

杨辉是南宋末年一位优秀的数学教育家，1261—1275 年，先后编写了《详解九章算法》《日用算法》《乘除通变本末》《田亩比类乘除捷法》和《续古摘奇算法》5 种数学书。这些著述深入浅出，循序渐进，通俗易懂，便于普及。尤其可贵的是，他苦心搜求散失在民间的各种珍贵数学资料，并在自己编写的书中旁征博引，从而使许多原著已经失传的前代数学遗产得以保存下来。

在《详解九章算法》中，载有一幅"开方作法本源"图，形如垛积起来的等腰三角形。杨辉作注说，此图"出《释锁算书》，贾宪用此术"。贾宪是比杨辉早 2 个多世纪的一位北宋数学家。因此，"开方作法本源"图也被称为"贾宪三角形"。它在世界上最早揭示出二项式展开式的系数规律，是一项重大的数学发现。同样的"三角形"在西方被称为"帕斯卡三角形"，但帕斯卡造出它已经是 17 世纪的事了，比帕斯卡更早一些造出它的阿皮亚纳斯，也是在1527 年，都比贾宪晚五六百年。

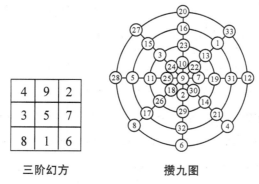

三阶幻方　　　　　　攒九图

杨辉的一项重要数学创造，是他在历史上第一个把"幻方"作为数学问题来研究。世界上最早的"幻方"，当推我国的"洛书"。拂去神话的迷雾，"洛书"其实是一个构造精巧的三阶幻方，它将头 9 个自然数布列成一个方阵，各行、列、对角线上的 3 个数之和都是 15。但长期以来，幻方只是被当作一种智力游戏，甚至被作为渲染神秘的工具。杨辉则为幻方正了名，将它看成是一种具有奇特性质的"算法"。在《续古摘奇算法》中，他收入近 20 个幻方。例如，由 1 到 100 排成的"百子图"，10 行 10 列上的和都是 505；由 1 到33 布列成的"攒九图"，4 个同心圆周上的和都是 138，4 条直径上的和都是147。现在，幻方研究已经拓展成一门叫作组合数学的分支，在计算机科学、通信理论等新兴科技领域均有重要的应用。在某种意义上，我们可以说杨辉是早期组合数学的一位先驱。

贾宪三角形是在研究高次数字方程解法中发现的。在我国古代，高次数字方程解法叫"开方术"。从《九章算术》的开平方术、开立方术、开带从平方术，到初唐的王孝通最早研究三次数字方程求正根的开带从立方术，再到贾宪提出增乘开方法，我国在高次数字方程解法上，一直遥遥领先于世界各国。

1247 年，南宋数学家秦九韶完成了他的著作《数书九章》。在这部书的81 道应用题中，就有 20 多道题需要求解高次方程。这些方程具有形如

$$a_0 x^n + a_1 x^{n-1} + \cdots + a^{n-1} x + a_n = 0$$

的一般形式，其中 $a_n < 0$，其他各项系数可正可负；最高次幂达到 10，实际上对方程的次数已经没有任何限制。秦九韶娴熟地运用增乘开方法，对几乎每一道高次方程都详细列出了运算步骤，理论上则更加完善。把古代的高次数字方程解法发展到适合于任意次一般形式的数字方程，这是秦九韶的一个伟大贡献。

秦九韶（约 1208—约 1261）出生于四川安岳，年轻时曾"访习于太史"，又曾跟随隐姓埋名的学者研习数学，对做学问是很能下苦功夫的，因此多才多艺，"星象、音律、算术以至营造等事，无不精究"，"游戏、毽、马、弓、剑，莫不能知"。在数学研究中，他继承了历代数学家的优秀学术传统，注重数学"经世务，类万物"的实际应用，而又深入挖掘数学理论的精微，经过 10 年苦心钻研，才写成《数书九章》这部杰作。

《数书九章》最突出的成就，除了高次数字方程解法外，关于一次同余问题的"大衍求一术"，也是具有世界意义的卓越贡献。因此，西方著名数学史家萨顿称颂秦九韶是"他的民族、他的时代以至一切时期的最伟大的数学家之一"。

在南宋数学家研究高次数字方程解法取得辉煌成就的同时，一种半符号式代数——"天元术"，在我国北方地区逐渐发展起来。1248 年，也就是《数书九章》在南方问世的第二年，北方数学家李冶完成了他的数学著作《测

圆海镜》;1259 年,又完成了《益古演段》。这两部书对"天元术"作了总结。

李冶(1192—1279),原名李治,真定栾城(今属河北)人,生于金代。元灭金后,他隐居在山西、河北一带,收徒讲学,声望很高。他学识渊博,生平著述很多,数学成就尤为卓著,《测圆海镜》和《益古演段》是他煞费心血、"精思致力"的结晶。

所谓"天元术",就是用一个"元"字标示方程的一次项,或者用一个"太"字标示方程的常数项,使方程的筹式形成一种固定的模式。在布列方程时,则先"立天元一为某某",相当于现在的"设 x 为某某"。在这里,"天元""元""太"等字样都是一种抽象的数学符号,而不带有这些汉字本来的意义。因此,我们说"天元术"是一种半符号式代数。

"天元术"可以解含一个未知数的方程,包括高次的一元方程。而这种半符号式代数由一元到二元、直到四元的推广,发展成"四元术",是 13 世纪和 14 世纪之交的数学家朱世杰完成的。

"四元术"中的天、地、人、物四元,相当于现在的 x、y、z、w,而方程的各项,在筹式中都有各自相应的固定位置。用"四元术",可以解四元及四元以下的高次联立方程组。在欧洲,解多元高次联立方程组是 18—19 世纪的事,而在朱世杰的"四元术"中,已经采用了与后来英国数学家西尔维斯特(1814—1897)的方法极为相似的消去法和代入法。

朱世杰是元代人,曾"以数学名家周游湖海二十余年","四方之来学者日众"。他终身致力于数学教育和数学研究,写出了集宋元数学大成的杰作——《算学启蒙》(1299)和《四元玉鉴》(1303)。朱世杰的著作,从正、负数的四则运算法则,一直写到当时数学发展的最高成就——"天元术"和"四元术",形成一个相当完整的初等代数学体系,因此,被数学史家们认为是中世纪世界最杰出的数学著作,朱世杰则被誉为中世纪数学家当中最伟大的一个。

综观世界数学史,我国宋元时期秦、杨、李、朱四大数学名家,无疑处在中世纪数学发展的前列。初等代数的中心内容是方程问题,它在宋元四大

83

家那里已经得到相当充分的研究,高次数字方程解法和布列方程的"天元术""四元术"理论,都是当时世界数学发展的最高成就。还要看到,宋元四大家用代数方法研究的应用问题中,相当多的是几何问题,我国古代数学强调形数结合、几何问题代数化的传统,由于宋元四大家精深的代数学造诣而得到更系统的发展。

我国古代数学家的卓越成就是不朽的!

开拓代数学疆域

印度,古称天竺,也是一个历史悠久的文明古国。我国著名神魔小说《西游记》里,绘声绘形地讲述了唐僧取经的故事。唐僧师徒风餐露宿,历经九九八十一难,打败了数不清的妖魔鬼怪,最后才到达"西天极乐世界"。其实,书中的"西天极乐世界",指的就是印度。

孙大圣、猪八戒、沙和尚,大闹天宫,三打白骨精……当然都是艺术的虚构,不过,唐僧取经却是一桩真实的故事。627年,唐朝和尚玄奘离开长安,历尽千辛万苦去印度学习佛教。他认真钻研佛教经典,虚心向名师求教,行程2.5万公里,遍访佛教古迹,后来通过严格的考查,获得了"三藏大法师"的高贵称号,名扬全印度。645年,玄奘带着许多佛教经典载誉归国时,唐太宗李世民还在洛阳城接见了他呢!

唐僧取经,是古代中印两国文化交流的生动例证。据英国著名学者李约瑟(1900—1995)研究,印度人更多地从这种交流中受到启迪。譬如,在《九章算术》中有这样一个题目:"今有池方一丈,葭生其中央,出水一尺。引葭赴岸,适与岸齐。问水深、葭长各几何?"后来,在印度作家的书中出现了这样一个题目:

> 平平湖水清可鉴,面上半尺生红莲。
>
> 出泥不染亭亭立,忽被强风吹一边。
>
> 渔人观看忙向前,花离原位两尺远。

能算诸君请解题,湖水如何知深浅?

两相比较,竟主要是葭变成了荷花。

印度的数学还受到过古巴比伦、古希腊等文明的影响,不过,任何一种外来的影响,都不能抑制一个民族自己的创造才能,古老的印度文明主要是印度人民自己的天才创造。

古代印度有着非常森严的等级制度,人们被分成4等,最高一等是婆罗门,即僧侣贵族,他们控制了印度的文化和教育。婆罗门有一个习惯,喜欢把事情记在脑子里,而不是写在书本上,为了加强记忆,他们常把人民得到的科学知识,编入脍炙人口的历史故事或者朗朗上口的诗歌。所以,在数学家的著作里,常常可以读到异趣横生的文艺作品;而在民间流传的历史故事中,又常常显示出印度人民浓郁的数学兴趣。

有这么一个广为流传的历史故事。有个国王天性好玩,但王宫里的所有游戏他都玩腻了。有一天,他下令在全国张贴告示说,如果谁能发明一种使他开心的游戏,谁将得到很多很多的赏赐。

国王的宰相西萨·班·达依尔是国际象棋的发明者,听到这个消息后,赶紧制作了一副漂亮的棋子和棋盘献给国王。

国王觉得这种游戏奇妙而有趣,大为高兴,决定重赏西萨·班。

"爱卿啊,你希望得到什么样的赏赐呢?"国王问。

"陛下,"西萨·班作出诚惶诚恐的样子,指着棋盘回答国王说,"请您在第一格内,赏给我1粒麦子;在第二格内赏2粒,第三格内赏4粒。照这样下去,每一格内都比前一格加一倍。陛下啊,把这样摆满棋盘上所有64格的麦粒,都赏给您的仆人吧!"

"哈哈,只要这么点麦子!"国王觉得好笑,马上叫人拿一袋小麦来。

计数麦粒的工作开始了。第一格1粒,第二格2粒,第三格4粒……还没放到第20格,袋子已经空了。一袋又一袋的小麦被扛到国王的面前来,可是,麦粒数一格接一格增长得那样迅速,把国王惊得目瞪口呆。他这才发现自己上当了,因为即使扛来全印度的粮食,也远远无法兑现他对西萨·班许下的诺言。

西萨·班要的小麦有多少呢？把 64 个格里的麦粒数依次记下来，就是

$$1, 2, 2^2, 2^3, \cdots, 2^{62}, 2^{63}。$$

这列数里的每一个数都是它前面那个数的 2 倍。在数学上，这样的一列数叫等比数列。由等比数列的求和公式，可算出 64 格里麦粒的总数是 18446744073709551615。这是一个 20 位数。假如修建一座高 4 米、宽 10 米的仓库来存放这些小麦，那么，这座仓库可以从地球修到太阳，再从太阳修回地球来！

印度人的数学兴趣，也正如这个故事所反映的，主要集中在算术和代数方面。而数码的书写和数字零的使用，则是其中两项最著名的发明。

过去，人们用很多的符号来表示数字，而且百、千、万等等都是单独用符号表示的，应用起来很不方便。印度数学家采用十进位值制的原则，把表示数字的符号减少到 10 个，使它们形状各异不易混淆，从而大大简化了数字系统。

$$
\begin{array}{cccccccccc}
1 & 2 & 3 & 4 & 5 & 6 & 7 & 8 & 9 & 0
\end{array}
$$

在一切位值制的记数法中，零都是一个关键的数，没有它，记数方法就不完备。虽然我国人民早就采用□这种记号来表示零，但那仅仅只表示空位，并没有把它当作一个数参与运算。印度数学家则更上一层楼，他们发明了 0 这个数码，并且把 0 当作普通的数参与运算，从而完善了十进位值制的记数方法。后来，这种记数方法传向世界各地，深受世界各国人民的喜爱，逐渐取代其他形形色色的记数方法，成为现在最常用的记数方法。

这是一项了不起的创新，18 世纪著名的数学家拉普拉斯（1749—1827）曾经赞叹说："用 9 个符号表示一切的数，使符号除具有形式的意义外，还有数位的意义，这一思想是如此简单，以致无法理解它的奇妙程度。就拿古希

腊最伟大和最有天才的阿基米德和阿波罗尼奥斯两人来说,他们也没有想出这种记数法,可见达到这一成就是多么不容易啊!"

由于采用位值制,简化数字系统,印度的算术运算获得了巨大的进展。数学家在长期的实践中,总结出了许多有效的解题方法。例如反演法,就是一种很有趣的解题方法。

什么是反演法呢? 5 世纪时,一位叫阿利耶毗陀(约 476—550)的数学家将它归纳成 4 句话:"乘法变除法,除法变乘法;加法变减法,减法变加法。这就是反演法。"12 世纪时,著名数学家婆什迦罗(约 1114—1185)为了推广反演法,特地编了下面这道数学题:

"请你告诉我,你会正确地运用反演法吗? 有一个数乘以 3,然后加上这个乘积的 3/4,除以 7,减去商的 1/3,自乘一次,减去 52,开方后加上 8,除以 10,得 2。原来的数是多少?"

婆什迦罗从最后的得数 2 出发,按照与题目相反的顺序进行演算,并在演算过程中把原来的运算统统改为逆运算,所以很轻松地算出原来的数是 28。

$$2 \times 10 = 20, \qquad 20 - 8 = 12, \qquad 12 \times 12 = 144,$$

$$144 + 52 = 196, \qquad \sqrt{196} = 14, \qquad 14 \times \frac{3}{2} = 21,$$

$$21 \times 7 = 147, \qquad 147 \times \frac{4}{7} = 84, \qquad 84 \div 3 = 28。$$

印度数学家大胆把负数引进了数学。在外国数学家中,印度著名数学家婆罗门笈多(约 598—?)最先正确地解释了正负数的加减运算法则。他把正数比作"财产",把负数比作"负债",认为两种"财产"的和还是"财产",两种"负债"的和还是"负债",而减去"负债"则成为"财产"……在解不定方程时,印度数学家不仅算出所有的正整数根,而且要求算出所有的整数根,这就明显地高出古希腊数学家丢番图一筹。

古希腊数学家虽然知道有 $\sqrt{2}$ 这类无理数存在,但由于找不到合适的逻辑基础,因而固执地拒绝承认它们是数;印度数学家也遇到了无理数问题,他们从实践中感到,有时把它们像有理数一样去处理,也可得到正确的结果。只要结果对就行,印度数学家没有理会其中的逻辑难点。比如,$\sqrt{3} + \sqrt{12}$,他们知道像$\sqrt{3} + \sqrt{12} = \sqrt{(3+12) + 2\sqrt{3 \times 12}} = \sqrt{27} = 3\sqrt{3}$这样去运算,结果是正确的,于是逐渐归纳出一些经验公式,在实际中广泛运用,这样就打破了有理数与无理数之间森严的界限。

这里,我们看到了一种有趣的历史现象。数学是一门严谨的科学,古希腊人过分地追求严谨的效果,结果作茧自缚,在无理数面前裹足不前;而印度数学家凭借经验的帮助,兴之所至地应用无理数,反而为有意义的代数学开辟了道路。

印度数学弥补了古希腊数学片面强调几何学的缺陷,赋予了代数学与几何学相等的地位,并作出许多重要的开拓,给了其他文明以非常有益的启迪。遗憾的是,印度的代数学,如同古埃及的数学一样,只是一些闪光的数学思想,一些零散的经验公式,还没有建立起严谨的逻辑体系。所以,严格意义上的代数学,还有待于后代数学家们不懈努力。

一个历史的误会

世界上的语言有成千上万种,汉语呀,英语呀,法语呀,德语呀……几乎每一个民族都有自己的语言。然而,不管你走到哪个国家,即使是随手翻开一本数学书籍,也会从陌生的文字中看到你熟悉的数学符号:0,1,2,3,4,5,6,7,8,9。这就是人们常说的阿拉伯数码。

阿拉伯数码?你也许会想,这当然是阿拉伯人的创造发明啰。其实,称之为阿拉伯数码,完全是一个历史的误会。

那么,这个误会又是怎样产生的呢?

这,得从阿拉伯人的历史谈起。

在7世纪以前,阿拉伯土地上只有一些比较原始的游牧部落,他们没有繁华的都市,甚至还缺少定居的村落,终年厮守着牧群,在阿拉伯半岛上漂泊。570年,在现在沙特阿拉伯王国境内的麦加城,诞生了阿拉伯历史上最著名的人物穆罕默德。穆罕默德是伊斯兰教的创传者,他称自己是真主安拉的使者,四处宣扬伊斯兰教的教义。由于他生活清苦,作战勇敢,同情穷人,大家都很崇拜他,于是都皈依了他劝导的宗教。这样,阿拉伯各个部落统一了起来,成为一个强大的民族。630年,穆罕默德率领教徒攻进麦加城。随后,剽悍的阿拉伯骑兵又不断地扩张他们的领土,先后征服了波斯、埃及、中亚细亚、叙利亚、北印度、北非洲等许多地方,使其疆界与当时东方最大的强国——中国唐朝的疆土直接相连。那时,我国人民称他们的国家为"大食国"。

新中国成立初期,一些阿拉伯人充满了狂热的意识。所以,640年,阿拉伯骑兵攻破亚历山大城后,也同早先的罗马人一样,扮演了一个不光彩的角色。无数的古希腊文献,被投进熊熊火焰之中,仅亚历山大城的浴池,就整整有6个月的时间,是用书籍来烧水的。

然而,马背上打出的江山,在马背上是治理不好的。阿拉伯人完成征战之后,很快就尝到了缺少知识的苦头。于是,他们回过头来聘请希腊、印度的学者来讲学,并用重金去收集残存的古希腊科学文献,亚里士多德、阿基米德、托勒密等人的著作,都被翻译成了阿拉伯文。这样,古代东方、西方的科学思想,就在阿拉伯汇合了。阿拉伯人正是在这个基础上,迅速创立了绚丽多彩的阿拉伯文明。

从9世纪起,阿拉伯的数学研究进入高潮,阿拉伯数学家(西方人习惯将当时并入大食国版图的各民族的数学家,也称作是阿拉伯数学家)用他们的聪明才智,给古老的数学增添了许多新的内容。

第一个享有世界声誉的阿拉伯数学家叫阿尔·花剌子米(约780—约850)。花剌子模是一个地名,在乌兹别克斯坦境内的黑瓦附近,数学家阿尔·花剌子米就出生在那里。8世纪末叶,他作为杰出的数学家被请到首都巴格达。

阿尔·花剌子米最有名的数学著作,是《Hisabal－jabrwa'1 muquablah》,也就是《还原与对消的科学》。这本书后来被译成许多国家的文字,长期成为欧洲的主要数学课本,a1jabr一词也逐渐演变成"algebra",这就是拉丁文"代数学"的来历。在书中,阿尔·花剌子米介绍了印度的数字系统、零的使用和数字的位值制,还介绍了一次方程和二次方程的各种解法。下面我们以书中的一道练习题为例,看看他是怎样解方程的。

"一个数的5倍减去12,等于这个数的4倍减去9。这个数是多少?"依题意列方程,得 $5x-12=4x-9$。

阿尔·花剌子米在方程的两边都加上12,得

91

$$5x = 4x - 9 + 12。$$

他把上面的运算叫"还原"运算,再作一次"还原"运算,得

$$5x + 9 = 4x + 12。$$

接下来,阿尔·花剌子米在方程的两边都减去$4x$,得

$$x + 9 = 12。$$

他把这样的运算叫"对消"运算,再作一次"对消"运算,就得到了题目的答案:$x = 3$。

很清楚,"还原"相当于现在的移项,"对消"相当于现在的合并同类项,阿尔·花剌子米所用的方法,也就是如今人们常用的解方程方法。数学史专家鲍尔加尔斯基给阿尔·花剌子米的工作以很高的评价,他说:"从这时起,方程的解法作为代数的基本特征,被长期保持了下来。"不过,阿尔·花剌子米完全不用代数符号,所有的算法都用文字语言来叙述,也就很难说他开创了真正的代数学。

在外国数学家中,阿拉伯数学家阿尔·卡西(? —1429)最先详细叙述十进制小数的理论。他曾仿照阿基米德的方法,利用圆的外切和内接正800335168边形,算出

$$2\pi = 6.2831853071795865。$$

把圆周率π精确到小数点后16位,刷新了由我国数学家祖冲之保持了1000多年的"世界纪录"。

读过《一千零一夜》的读者,无不赞叹阿拉伯人的想象飞腾。书中构思奇特的冒险故事,不可思议的魔咒,谲奇诡丽,变化万千,展示了一个神奇的世界。然而,在数学研究里,却很难看到他们这种丰富的想象力和创造力,尤其是几何学,阿拉伯人拘囿于欧几里得定下的条条框框,亦步亦趋,不敢越雷池一步,几乎没能获得任何进展。

但是,阿拉伯数学的历史功绩,不全在于数学研究本身,主要在于他们架起了一座坚固的桥梁,沟通了东西方的文化交流。正像古代中国的四大发明,通过阿拉伯人才传入欧洲一样,印度的、希腊的古代数学著作,也是通

过阿拉伯数学家的翻译才得以保存,并传入尚在中世纪黑暗中徘徊的欧洲,给近代欧洲文明的兴起施加了巨大的影响。

通过阿拉伯书籍,欧洲人熟悉了几乎整个古代世界的数学创造,他们贪婪地从中吸吮养料,但在起初的日子里,却把它误认作阿拉伯数学的成就。他们把经过阿拉伯人改进的印度数码,也误认为是阿拉伯数学家的发明,于是给它起了个名字,叫"阿拉伯数码"。后来,人们知道了事情的真相,但习惯成自然,改不过口来,所以还是习惯地叫阿拉伯数码。其实,严格地说,这种数码应当叫作"印度－阿拉伯数码"。

在泥泞中苦苦挣扎

476 年,在奴隶起义打击下风雨飘摇的西罗马帝国,被日耳曼部族人彻底摧毁了。外族的马蹄践踏在罗马街头,宣告了古罗马文明的终结,历史给欧洲中世纪挂上黑色的帷幕。

中世纪延绵近千年。在这漫长的岁月里,欧洲人给数学增添了什么财富呢?

恩格斯(1820—1895)曾经作出这样的评价:"古代留传下欧几里得几何学和托勒密太阳系;阿拉伯人留传下十进位制、代数学发端、现代的数字和炼金术;基督教的中世纪什么也没留下。"

确实是这样,基督教统治下的欧洲中世纪,没有留下一件值得炫耀的数学成果。

基督教是世界三大宗教之一,公元 1 世纪时产生于罗马帝国统治下的巴勒斯坦地区。起初,它反映了广大奴隶对罗马奴隶制度的不满和反抗,后来却被统治者利用,变成罗马帝国的"国教"、奴隶主贵族的精神武器。在中世纪,基督教又受到封建统治者的青睐,成为欧洲封建制度的精神支柱。本来,古罗马文明是很难产生高水平的数学的,因为它太讲究实际和马上可以得到应用的结果,不愿为抽象的数学理论去耗费时光。基督教徒则跳到另一个极端,他们对现实世界毫无兴趣,只幻想着死后能升入天堂永享福乐,并在有生之年为此虔诚地准备。这样的气氛,当然不会促进数学繁荣滋长。

不仅如此，宗教裁判所还是一股窒息科学的黑暗势力。一切与教义相抵触的思想，都被斥为"异端"，遭到残酷的镇压。古罗马女数学家希帕蒂亚，就是因为被人诬告为"异教徒"，才蒙受了惨无人道的暴行。酷刑与烈火在欧洲大地上肆意狂欢，揭开了人类历史上最黑暗、最可耻的一页。谁也无法统计，有多少生命丧失在这酷刑与烈火之中。甚至在 16 世纪末叶，资产阶级已经登上历史舞台，这种邪恶的火焰还吞噬了坚持真理的科学家布鲁诺（1548—1600）。

从 1096 年到 1270 年，在罗马教廷的怂恿下，基督教徒们发动了 8 次规模巨大的侵略战争，即所谓的十字军东征。东征的目的地是耶路撒冷城。这座著名的历史古城，既是基督教的圣地，又是伊斯兰教的圣地。十字军骑士们打着拯救圣地的幌子，也是为了抢掠富庶的东方城市。连绵不断的战争，造成了巨大的伤亡，不仅给东方国家，也给欧洲各国人民带来深重的灾难。但它带来了意想不到的后果：最主要的，是欧洲人由此认识了东方世界先进的工农业技术，以及由阿拉伯人保存的古代文化宝藏。古代中国的四大发明，也是在这时传入欧洲的。

与东方文明的初步接触，唤起了欧洲人对科学现状的不满。于是，如同 9 世纪是阿拉伯人的翻译世纪，大量的古希腊和印度著作被译成阿拉伯文字一样，12 世纪成了欧洲人的翻译世纪，大量的阿拉伯书籍又被译成了拉丁文。① 遗憾的是，社会上懂得"高贵"拉丁文的人不多，而懂得拉丁文的又大多是教会的神学家。所以，在这段时间，先进的古代文明还来不及对欧洲文明产生更深刻的影响。

在 12 世纪，翻译得最多的书，是古希腊学者亚里士多德（前 384—前 322）的著作。亚里士多德是逻辑学的创始人，一位博学的思想家和自然科学家，对许多学科都作出了有价值的贡献。教会的神学家们，绞杀了亚里士

---

① 6 世纪以后，古希腊的科学传统已在欧洲失传。12 世纪时，传教士把大量的阿拉伯文科学文献带回欧洲，由学者译成拉丁文。持续一个多世纪的翻译活动，欧洲人找回了亚里士多德、欧几里得、阿基米德等古希腊学者创造的珍贵文化遗产。

多德哲学中一切活生生的和有价值的东西,抽掉其中的唯物论因素,强调和夸大唯心论的观点。最后,他们竟得出这样一个荒谬的结论:哲学必须从属于神学,知识必须让位于信仰。于是,在教会手里,古希腊的科学著作,变成了维护教会宗教统治、抵制新思想的工具,反而延迟了欧洲的觉醒。

12 世纪前后,欧洲出现了一些大学。著名的牛津大学、剑桥大学也都是那时诞生的。不过,那时的大学可不是现在的样子,它只是一个神学的讲坛。学校里虽然开设了数学课程,但只讲授一点点基本常识,而且这少得可怜的知识还是用来训练学生去捍卫宗教神学的。数学教师少得可怜,而神学教授则比比皆是。这些人整天死啃书本,钻牛角尖,为一些荒谬无聊的问题争论不休,比如"一个针尖上可以站立几个天使"呀,"天堂里的玫瑰花长了刺没有"呀,不一而足。这些荒诞无用的知识充塞了学生的头脑,耽误了一代又一代年轻人的青春。

数学在中世纪的泥泞里苦苦地挣扎着。13 世纪,随着阿拉伯书籍的进一步传入,欧洲数学有了缓慢的进展。当时,数学界的中心人物是意大利的斐波纳奇(约 1170—约 1240)。斐波纳奇年轻时,游历了世界的许多地方,拜访了许多有名的学者,对东方的古代文明有着比较深刻的了解。回国后,国王为了测试他是否有真才实学,把他召进宫去与宫廷数学家约翰进行了一场数学竞赛。约翰为了赢得胜利,绞尽脑汁编了几道他认为是最难的题目,企图让斐波纳奇下不了台,结果斐波纳奇很轻松地解决了。

斐波纳奇

斐波纳奇编过一道非常有趣的数学题:

"如果 1 对兔子每月能生 1 对小兔子,而每对小兔子在它出生后的第 3 个月里,又能开始生 1 对小兔子,假定在不发生死亡的情况下,由 1 对初生的兔子开始,1 年后能繁殖成多少对兔子?"

这个问题导致了一个很有名的数列

1, 2, 3, 5, 8, 13, 21, …

这个数列后来就叫"斐波纳奇数列",它有许多有趣的性质。例如,从第

3 个数起,每个数都是它前面那两个数的和;每个数与它后面那个数的比值,都很接近于 0.618,正好与大名鼎鼎的"黄金分割律"相吻合。人们还发现,连一些生物的生长规律,在某种假定下也可由这个数列来刻画呢。

斐波纳奇觉得,与东方国家相比,意大利的数学水平很落后,于是就积极向他的同胞们介绍国外先进的数学知识。1202 年,他将自己在国外学到的知识编成了一本叫作《算盘书》的数学著作,热情称颂东方国家人民取得的数学成就。书中详细介绍了印度－阿拉伯数码、十进制记数法,叙述了关于整数和分数的知识,以及我国古代人民发明的"万能解题方法"——盈不足术,为促进欧洲数学的发展,作出了有意义的贡献。

斐波纳奇的努力是难能可贵的。但是,他的整个活动,在当时的欧洲没能造成很大的影响,因为黑暗的势力、频繁的战争、流行的鼠疫,妨碍着整个欧洲文明的进程。

97

在泥泞中苦苦挣扎

横扫欧洲的风暴

宗教裁判所的酷刑与烈火，当然不会孕育数学思想。这，就是欧洲中世纪数学水平低下的主要原因。然而，酷刑与烈火，不能永远禁锢人们的思想，不能永远扼杀真理的萌芽。社会要进步，科学要发展，这是任何势力也阻挡不了的历史潮流。

有个德国人叫哈依尔·史提非（约 1486—1567），年轻时被送进修道院接受教会教育。他对寻找宗教书里数的神秘含义很感兴趣，并由这些数的关系推导出一个耸人听闻的结论：1533 年 10 月 29 日，世界将永远地消亡。

预期的日子到来了，世界仍旧安然无恙，史提非大吃一惊。错在哪里呢？在痛苦的反省后，史提非终于认识到，数学运算没有错，错在教会的神秘主义学说，而它是不适合现实世界法则的。于是，他抛弃了对神秘主义的计算，去探求真正的科学，最后成了一位很优秀的代数学家。

史提非的觉醒是偶然的，也是必然的，因为一场伟大的思想解放运动正在震撼整个欧洲。

14 世纪前后，古代中国人的四大发明，更加深刻地影响着欧洲文明的进程。火药的引进，改变了战争的方法，使得研究抛射体的运动变得很重要。而罗盘的引入，又使得远洋航行成为可能。航海家们的地理新发现，向欧洲人展示了一个奇妙的世界，大大激发了人们的想象力，加深了对中世纪封建教条的怀疑。造纸术和活字印刷的引进，则加速了知识的传播。这些，都是资本主义发展的必要前提。

生产力的发展孕育了一种新的经济关系,新兴的资产阶级也就随之登上了历史舞台。资本主义的经济竞争,促使人们去了解原料性能,去革新生产工具,去研究物理现象和因果关系,也就导致了与宗教神学的直接对抗,而资本主义要生存,要发展,势必要冲破封建统治的樊篱。这也是一场生与死的搏斗。各种社会矛盾空前尖锐,终于,在资本主义最早萌芽的意大利,掀起了一场横扫欧洲的风暴——文艺复兴运动。

"新时代最初一位诗人"但丁(1265—1321),用他不朽的诗篇《神曲》,大笔勾勒出一幅壮阔的图景:金碧辉煌的"天堂",烈火升腾的"炼狱",阴森恐怖的"地狱"。诗人把许多历史上有名的教士送进了"地狱",甚至还在"地狱"的火窟里,为当时的教皇预备了一个位置。这种大胆的叛逆行为,体现了人们要求以人为中心,而不是以神为中心来考察一切的愿望。随后,达·

哥白尼

芬奇、莎士比亚等一批巨人将这场运动推向高潮。他们把自己创造的新文化,误认为是古希腊罗马文化的复活,所以称之为"文艺复兴"。其实,文艺复兴运动标志着资产阶级文化的兴起,在当时起了巨大的进步作用,它推动人们去思索,去探索,去砸碎宗教神学的桎梏,揭开了近代科学的序幕。

在自然科学领域,波兰天文学家尼古拉·哥白尼(1473—1543),以移山倒海的气魄,对整个宗教神学理论发出了致命的一击。

1000多年来,教会强迫人们接受这样一个信条,地球是上帝的宠儿,是宇宙的中心,日月星辰不停地绕着它旋转;而地球的中心呢? 又在圣地耶路撒冷城……这是宗教神学理论的基石,谁敢怀疑它,谁就是"异教徒",将会受到残酷的惩罚。哥白尼勇敢地批判了这种传统理论,他说,看起来,好像太阳绕地球旋转,其实是一种假象,实际上是地球绕太阳旋转,这情形如同人们坐在船上,不觉得船在前进而觉得岸上的东西在后退一样。这就是著名的"太阳中心说"。恩格斯对此作了很高的评价,他说:"从此以后,自然科

99

学基本上从宗教下面解放出来了。"

哥白尼说他的著作是写给数学家看的。的确,"太阳中心说"一开始也只得到了数学家的支持。他们的心是相通的,他们都认为新理论具有数学上的简洁性。数学,成了他们藐视教会、捍卫真理的武器。

数学家敢于支持"离经叛道"的"太阳中心说",这本身也反映了数学界的新面貌。15世纪,人们读到了更多的古希腊科学文献,毕达哥拉斯关于"神永远按几何规律办事"的思想,在1000多年后又折服了欧洲的数学家。人们知道了自然界是合理的、简单而且有秩序的,是按照数学方式设计的。这样,万能的上帝就摇身一变,在不少人的心目中变成了一个最好的数学家,而人们的工作,就是去观察大自然,去发现上帝也得遵循的客观规律。就这样,披着"合法"的宗教外衣,"离经叛道"的数学研究起步了,从中世纪的泥泞里挣扎了出来。

当时,眼镜匠们不懂光学原理,却制造出了望远镜和显微镜,也使数学家们感到精神振奋,使他们开始注重实践,注重经验,注意把实践和理论结合起来。著名的艺术大师达·芬奇(1452—1519),也是一位数学家。他很重视数学,认为"任何人的研究,没有经过数学的证明,就不能认为是真正的科学"。他的另一段话,很能代表这时期学风的转变,这就是:"在以数学为依据的科学研究中,如果有人不直接向自然界请教,而只是向书本的作者请教,那么,他就不是自然界的儿子而是孙子了。"

在文艺复兴时代,才华横溢的艺术家们,也是最活跃的数学家。他们最先对大自然恢复兴趣,把彩笔从虚无缥缈的"天堂"转向了千姿百态的尘世。然而,要真实地刻画现实世界,不可避免要遇到一个数学问题:怎样把立体的物体准确地反映到平面上来呢? 在古代数学家的著作中,是找不到这个问题的答案的。艺术家们勇于创新,不断实践,并不断将实践上升为理论,终于在长期的实践中建立了一种新的数学方法——透视法,这种方法经过后代数学家的努力,形成了一门新的数学分支——射影几何学。

14世纪至16世纪,文艺复兴时代,一个火热的时代,一个需要巨人、而且产生了巨人的时代。但丁、达·芬奇、莎士比亚、哥白尼、伽利略……这些巨人的名字,以及他们取得的光辉成就,已经作为人类的骄傲光荣地载入了史册。然而,更重要的,是那场伟大的运动,砸烂了宗教神学的枷锁,唤醒了沉睡的欧洲,解放了人们的思想,激发起空前的创造热情,为17世纪科学高潮的到来奠定了坚实的基础。

欧洲数学的曙光

在文艺复兴时代,欧洲数学家在代数学里取得的第一个重要成果,是发现了一元三次方程的求根公式。它标志着欧洲数学第一次超越东方古代数学的成就,给了欧洲人民很大的鼓舞,激励着他们去进行更加广泛的开拓。

历史刚进入 16 世纪不久,有个叫费罗(1465—1526)的意大利教授,就掌握了不含二次项的形如 $x^3 + mx = n$ 这类三次方程的解法。但是,费罗没有公开他的发现,因为那时有一种风气,数学家常常把自己的发现当作秘密隐藏起来,然后凭借这些秘密向其他人挑战,以便在公开的数学竞赛中获得"不可战胜"的声誉。当时,知道费罗的方法的,只有他的女婿和一个叫菲俄的学生。

其实,一项新的数学成果的发明,不仅仅是个别数学家的天才创造,更深刻地说,它是社会发展的必然产物。只要社会的发展具备了一定的条件,新的数学思想就一定会被人们揭示出来,只不过是或迟或早、或你或他而已。

果然,另一位意大利数学家塔尔塔里亚(约 1499—1557),也声称自己独立发现了解三次方程的方法。

塔尔塔里亚是一位自学成才的数学家。小时候,他家里很贫困,穷得连纸张都买不起,更不用说送他去上学了。一次草率的疗伤,给他留下了口吃的后遗症。在母亲的帮助下,塔尔塔里亚发愤自学。在荒凉的墓地里,人们经常看到这个性格孤僻的孩子，一会儿托腮陷入深深的沉思，一会儿在墓碑上记下一些谁也看不懂的记号……塔尔塔里亚以顽强的意志学会了拉丁文和希腊文，阅读了许多外国科学家的著作，当然，最吸引他的，还是数学王国的无穷奥秘。23 岁时，塔尔塔里亚当上了数学教师。

塔尔塔里亚

1530 年，有个叫科拉的数学教师向塔尔塔里亚挑战。科拉编了两道很难的数学题，而要解决它，又非要解三次方程不可。解三次方程？这可是当时许多有名的数学家也头痛的问题。初生牛犊不怕虎，塔尔塔里亚勇敢地接受了挑战，在顽强的拼搏之后，他竟然找到了解题的钥匙。

塔尔塔里亚成功了。菲俄知道后很不服气，赶紧宣布自己早就会解三次方程了。塔尔塔里亚认为他是吹牛，于是向菲俄挑战，要求举行公开的数学竞赛。

竞赛约定在米兰大教堂举行，规则是每人带 30 道题相互交换，谁解得最多最快，谁就是胜利者。当然，每解出一道题都有一定的奖赏。

竞赛约定之后，塔尔塔里亚得意扬扬，以为自己稳操胜券。他想，我花了九牛二虎的气力才得到的方法，默默无闻的菲俄哪能知道呢？可是过不了多久，塔尔塔里亚就如坐针毡、惶惶不安了。因为他知道了菲俄真的会解三次方程，而且还是得自大名鼎鼎的费罗教授的秘传。显然，优势在菲俄那一方。

怎么办？好一个塔尔塔里亚，知难而进，决心去寻找更好的解题方法。他知道费罗教授擅长于解 $x^3 + mx = n$ 这种类型的三次方程，于是就以此为主攻方向。经过许多个彻夜不眠的研究，塔尔塔里亚终于在竞赛前夕，研究出了既能解不含二次项的三次方程，又能解含二次项的三次方程的方法。

竞赛开始了，两人当着公证人的面交换了难题。菲俄看着题目，一个也解不出来；而塔尔塔里亚呢？拿起笔，刷刷刷刷，不大一会儿，就解答了全部的题目，把在场的人都惊得目瞪口呆。原来，不出塔尔塔里亚所料，菲俄出的难题都是 $x^3 + mx = n$ 类型的，所以他解得很顺手；而他出的难题呢，却都是含二次项的三次方程,菲俄当然解答不出来。

卡尔达诺

塔尔塔里亚胜利了。胜利的消息轰动了整个意大利,也震惊了另一位意大利数学家卡尔达诺(旧译卡当)(1501—1576)。

卡尔达诺是数学史上一个著名的怪人。他是大学的数学教授,在庄严的讲台上,他旁征博引,侃侃而谈,引导学生去探索科学的奥秘;但是,在肮脏的赌窟里,人们也常见到他忙碌的身影,他甚至出版了一本《赌博之书》,宣扬赌博的乐趣。

卡尔达诺是扬名欧洲的医生,他用精湛的医术,治好了许多达官显贵的疾病,使他成了一些宫廷的常客;同时,他又是伪科学的崇拜者,醉心于算命,坚信符咒、梦、凶吉之兆都会"灵验"。有一次他得意忘形,竟给基督教的圣人耶稣算了一次命,结果触怒了教会,险遭杀身之祸。

还有一种说法,卡尔达诺不仅给别人算命,也给自己算命。他预言自己将在1576年9月21日死去,可到了那一天,他却无灾无病地活得蛮好。怎么办?为了保持伟大预言家的声誉,卡尔达诺竟然自杀了。你说怪不怪?

卡尔达诺的矛盾性格,是他那个时代的产物。在他的头脑里,不加批判地堆集着古代的、中世纪的、当时的各种观点,这种不可思议的大杂烩,驱使着他去做某些怪诞的事情。这反映了文艺复兴时代的科学家在开拓一个新世界时,思想上仍背着沉重的包袱。不仅是卡尔达诺,甚至比他更优秀的科学家,例如哥白尼、开普勒、伽利略,在获得重要的发明之后,不都唱起了给上帝的颂歌吗?这是时代的局限。

人们厌恶卡尔达诺怪诞的行为,也称赞他超群的数学才能。确实,在数论、代数思维等一些方面,卡尔达诺比同时代的人要高明一些。

当时,卡尔达诺正在编写一部数学著作,听到塔尔塔里亚胜利的消息后产生了一个强烈的愿望:一定要探听出塔尔塔里亚的秘密。

卡尔达诺专程赶到威尼斯城来找塔尔塔里亚,不料碰了个大"钉子":塔尔塔里亚与已故的费罗教授一样,也不愿公开自己的发现。卡尔达诺不甘心碰壁,他又是乞求,又是威吓,向塔尔塔里亚发起了计划周密的攻势,并再三起誓,绝不将秘密泄露给别人。塔尔塔里亚被缠得没有办法,只得将他的解法写成一首语句晦涩的诗,告诉了卡尔达诺。

6年后,卡尔达诺在自己的著作里公开了一般三次方程的普遍解法。

塔尔塔里亚被激怒了。尽管卡尔达诺在书中说明过这种方法来自他的朋友塔尔塔里亚,可塔尔塔里亚认为这仍然是背信弃义的,他向卡尔达诺提出挑战。

卡尔达诺似乎不愿意介入这场无休无止的争吵。在指定的时刻,卡尔达诺没有去,他的学生费拉里(1522—1565)去了。费拉里是一个口齿伶俐、能言善辩的年轻人,结结巴巴的塔尔塔里亚哪能争得过他呢? 当天晚上,塔尔塔里亚悄悄地也是愤愤地离开了米兰。

塔尔塔里亚走了,卡尔达诺和费拉里成了胜利者。记载在卡尔达诺书中的那个公式,就一直被人们称作是"卡尔达诺公式"[1],而它的发明者塔尔塔里亚反倒湮没无闻了。

虽然把三次方程的求根公式称作"卡尔达诺公式"并不公正,但卡尔达诺把塔尔塔里亚、费罗的"秘密"公布于世,使这个新的数学成果成为人类共同享有的精神财富,使数学家们能在新的起点上进行新的开拓,不再为重复的劳动而白白耗费青春,难道不是做了一件大好事吗?

卡尔达诺公式的公开,给卡尔达诺增添了声誉。人们是喜欢向有名气的数学家挑战的。1530年曾用三次方程向塔尔塔里亚挑战的数学教师科

---

[1] 若 $x^3 + px + q = 0$,则有一根为

$$x = \sqrt[3]{-\frac{q}{2} + \sqrt{\left(\frac{q}{2}\right)^2 + \left(\frac{p}{3}\right)^3}} + \sqrt[3]{-\frac{q}{2} - \sqrt{\left(\frac{q}{2}\right)^2 + \left(\frac{p}{3}\right)^3}}$$

一般三次方程 $y^3 + ay^2 + by + c = 0$ 可通过令 $y = x - \dfrac{a}{3}$,转换成不含二次项的形式,故卡尔达诺公式具有一般性。

拉,这次又提出了一个新的难题,而要解决它,非得解四次方程 $x^4 + 6x^2 + 36 = 60x$ 不可。

这是当时具有世界水平的难题。卡尔达诺绞尽了脑汁,仍然束手无策,最后败下阵来。

问题落到卡尔达诺的学生费拉里身上。这个年轻人通过数学变换,巧妙地将这个四次方程转换成一个新的三次方程,从而出色地完成了任务。他不仅解答了科拉提出的问题,而且还给出了更广泛的四次方程的求根公式。为了纪念费拉里的贡献,人们把这种公式称作"费拉里解法"。

数学研究有这样一个特点,它不会为获得了部分知识而沾沾自喜,而是力图以此为基础,去寻找更广泛、更一般的知识。通俗地说,数学就是研究 $1, 2, \cdots, n$ 的。它不会满足于知道了 1 和 2,也不会满足于知道了 3 和 4,它要知道那个广泛的 n 是怎么回事。四次方程的求根公式被发现之后,数学家们挟着胜利的余威,向解决五次方程发起了冲锋。

一小步与一大步

    数学家们探求五次方程求根公式的努力失败了。失败的原因有很多，在16世纪，数学家们缺少一种合适的数学语言来表达高度抽象的数学材料，来精确、深刻地表达概念、方法和逻辑关系，是其中一条比较重要的原因。

    什么是数学语言呢？就是用数学符号组成的语言。用数学符号来代替文字的叙述，还是代数学科的特征之一呢。使用符号，引进符号体系，是数学史上的一件大事，在这场意义深远的变革中，法国数学家韦达（1540—1603）走出了决定性的第一步。

    1969年7月20日，人类第一次登上了月球，宇航员阿姆斯特朗步出"阿波罗11号"登月飞船，走下舷梯，即将踏上月球的土地时，说过一段颇含哲理的话。他说："对一个人来说，这是一小步；但对人类来说，却是一大步。"为了更好地理解韦达的卓越贡献，我们不妨先回顾一下，人类为了跨出这一步所走过的漫长历程。

    在距今3600年前的莱因特纸草书中，为了表示一个一元一次方程 $x\left(\dfrac{2}{3}+\dfrac{1}{2}+\dfrac{1}{7}+1\right)=37$，古埃及人写下了这样的一串符号：

    显然，这是他们用日常的语言来表达数学内容。这样的数学式子不仅冗长,而且是含混不清的,很难体现出数字之间的关系,因而使用起来颇不方便。这是代数学发展的最初阶段,有人称它是"文词代数"时期。

古希腊时期,数学家们在许多领域作了深入的开拓,并取得了极其辉煌的成就,然而,他们中的大多数人也没有想到使用符号、用字母来代替数字,仅仅在古希腊文明的后期,人们才在丢番图的著作里看到了些许努力。

为了表示代数式 $x^3 + 13x^2 + 5x = 2$,丢番图用了这样一些记号:

$$K^Y \bar{a} \Delta^Y c f s \epsilon \hat{M} \beta$$

随后,对代数学的发展作过卓越贡献的印度人和阿拉伯人,进一步改进了数学表达式。7世纪,印度著名数学家婆罗门笈多解方程时,曾用黑、蓝、黄、红、绿等字来表示未知数,并用这些字的字头作为未知数的符号。

还须提到的是,13世纪宋元时期的中国数学家,不仅在联立一次方程组和高次数字方程的解法等代数学领域取得了领先于世界的杰出成就,而且还发展了"天元术""四元术"这样的半符号代数。

与过去相比,这时的数学表达式要简洁一些了,有了用简单的字来代替数字的思想,所以有人将这一时期称作是"简字代数"时期。

进入16世纪后,科学技术发展较快,对数学提出了更多的要求。为了节省书写时间,数学家们开始大量地创设符号。

1489年,德国数学家魏德曼在书中第一次运用"+""-"号,作为加减法运算的符号。

1540年,英国数学家瑞科德首先引入"="号表示相等关系。

1631年,英国数学家奥特雷德提出用"×""÷"号作为乘除法的运算符号。

1631年,英国数学家哈里奥特创用">"号和"<"号。

…………

遗憾的是,人们在使用符号时,并没有认识到它的重要性,往往随兴之所至地加以采用。没有公认的标准,谁爱怎样用就怎样用,结果数学符号五花八门,混乱不堪。

第一个有意识地、系统地使用符号的人是韦达。

韦 达

韦达 1540 年出生在法国的波亚图,他并不是专业数学家,他的职业是律师,还做过一位国王的机要谋士,是一个活跃的社会活动家。但是,韦达很喜欢数学,每当有空闲的候,他就忘记了他长期纵横捭阖的政治舞台,醉心于数学的推演。有时,为了解决一个数学问题,他甚至接连几个晚上都不睡觉。在法兰西与西班牙的战争中,韦达凭借数学知识破译西班牙的密码,破坏了西班牙在法国境内的秘密通信,使西班牙国王大为恼火,下令缺席判处韦达死刑。

为了表示恒等式 $a^3 + 3a^2b + 3ab^2 + b^3 = (a+b)^3$,韦达用了这样一个表达式:

a cubus $+ b$ in a quadr. $3 + a$ in b quad. $3 + b$ cubo equalia $\overline{a+b}$ cubo

字母上的横线是用来表示括号的。很明显,除了不够精练以外,韦达的式子与现在的代数式已没有什么本质的不同了。

韦达意识到了使用符号对代数学的意义,于是精心选择代数符号,力图使其成为一个体系。1591 年,韦达在《分析方法入门》中创设大量代数符号,用辅音字母表示已知数,用元音字母表示未知数。所以,当韦达研究一个用字母表示的代数方程时,实际上处理的是整个一类的表达式,这样,就为代数学的发展指明了正确的方向。韦达把运用符号的代数叫作"类的算术",与此前对数进行运算的算术加以区分,奠定了符号代数学的基础。

用字母代替数字后,数学概念间的逻辑关系也就被深刻地披露了出来,寻找方程的某些规律就变得比较容易了。初中数学课本里有一个以韦达名字命名的著名定理:若方程 $ax^2 + bx + c = 0(a \neq 0)$ 的两根为 x_1 和 x_2,则 $x_1 + x_2 = -\dfrac{b}{a}, x_1 \cdot x_2 = \dfrac{c}{a}$。这个定理到 16 世纪时才被人们发现,不就正好说明了这一点吗？至于说韦达没能最后完成这个定理，那仅仅是因为他不承认负数。

符号体系的引进，是 16 世纪一个重大的数学进展，它使得高度抽象的数学材料开始有了合适的表达形式，使代数的方法开始获得普遍的意义。不仅如此，它也开始为其他自然科学提供最精确的语言。

韦达是一个开拓者，为符号体系的引进作出了重要的努力，但他没有完成这个体系。直到 17 世纪末，经过笛卡儿、莱布尼茨等许多数学家的不懈努力，符号体系才趋于完成。当然，随着数学知识的扩充，人们还在不断地丰富它的"词汇"。

延长了人们的生命

　　数学家喜爱抽象,注重严谨的逻辑思维;而诗人则注重形象,喜爱海阔天空的幻想。比如同入一座花园,诗人们陶醉于姹紫嫣红,赞叹那影绰摇曳的风姿,沁人肺腑的温馨;而数学家则从游龙走蛇般的曲线里,领悟到精巧匀称的几何模型的美。这是两种很难统一在一起的气质,所以,自古以来,喜爱作诗的数学家不多,喜爱做数学题的诗人更少。

　　俄罗斯著名诗人莱蒙托夫(1814 — 1841),是一位很喜欢做数学题的诗人。据说,即使在战壕里,他也会利用恒等式的性质,兴高采烈地与士兵们进行各种数学游戏。

　　有一次,莱蒙托夫被一道数学题给难住了,他想了好多好多的办法,还是没有找到答案。夜,渐渐地深了,他仍在苦苦地思索着,渐渐地,他疲惫地伏在桌上睡着了,做了一个有趣的梦。睡梦中,有位数学家向莱蒙托夫提示了解题的方法。

　　醒来后,莱蒙托夫觉得这件事挺有意思,于是给梦中遇到的那位数学家画了一幅像,这幅画现在还珍藏在俄罗斯科学院里呢。

　　见过莱蒙托夫这幅画的人,都说画中的数学家很像英国的耐普尔(亦译纳皮尔)(1550 — 1617)男爵。

　　莱蒙托夫是否真的梦见了耐普尔,那就不得而知了,也许那只是诗人特有的想象。不过,耐普尔的数学创造,的确常常萦回在千百万人的梦中。

耐普尔

耐普尔出生在苏格兰一个贵族家庭,早年致力于农业和牧业方面的改革发明,1572年以后才开始专心于数学研究。他的爱好,可不像莱蒙托夫那样富有诗意,而是连一般人都觉得枯燥乏味的数值计算。

在耐普尔所处的时代,哥白尼的"太阳中心说",日益强烈地吸引着人们去探索宇宙的奥秘;哥伦布发现新大陆,更燃起人们征服海洋的热情。欧洲人第一次意识到世界竟是如此地宽阔,升腾起一股迫切了解这一切的欲望。自然科学获得了迅速的发展,可是,要解决随之而迅速发展起来的科学技术问题,人们的计算量也成百上千倍地增加了。大得吓人的天文数字,笨拙落后的计算方法,迫使科学家们成天泡在烦冗的数值计算中。一道现在看来不算太繁的计算题,那时的人们或许要算上好些天,这样,人们也就很难有足够的精力去发现新的规律,进行新的探索。

怎样改进数值计算,缩短计算时间,成了数学家们急需解决的一个问题。

耐普尔是一个天文爱好者。天文学的研究少不了数学计算。笨拙烦冗的计算方法,也时常折磨着勤于思索的耐普尔,使他非常苦恼。他觉得那样笨拙地计算简直是在浪费时间,于是他想:能不能简化数值计算,该怎样去改进数值计算呢?

耐普尔想了许多办法来简化计算问题,甚至还发明了一种能帮助简化计算问题的仪器,即人们常说的"耐普尔计算尺"。耐普尔计算尺由10根小木棍组成,小木棍上刻有乘法表,除了左边第一根木棍是固定的以外,其他部分都可以调换位置。耐普尔利用这种仪器,用加法代替乘法,用减法代替除法,在相当程度上简化了数值计算。

耐普尔计算尺是一项很不简单的发明,可它比起耐普尔的另一项发明——对数,又只能算是雕虫小技了。

耐普尔发明的对数方法轰动了欧洲。当时最优秀的科学家伽利略

(1564 — 1642)，曾经发出了这样的豪言壮语："给我时间、空间和对数，我可以创造出一个宇宙来。"反映了人们喜悦的心情。甚至在几百年以后，人们对这项发明仍然赞不绝口。著名的天文学家和数学家拉普拉斯就曾经赞叹说："对数方法使得好几个月的劳力缩短为少数几天，它不仅可以避免冗长的计算与或然的误差，而且实际上使得天文学家的生命延长了好多倍。"

什么是对数呢？用现在的记号是：如果 $a^b = N$，其中 $a > 0$ 且 $a \neq 1$，那么，b 叫作以 a 为底的 N 的对数，记做 $b = \log_a N$，其中 a 是底数，N 是真数。

对数方法极大地简化了数值计算，用它来解决烦冗的运算，往往只需寥寥数步，即可求得答案。例如要计算这样一个问题：

$$\frac{(21021)^{0.64} \times (13.49)^3}{474.2} = ?$$

假设上式等于 A，然后取对数，则

$$\log_{10} A = 0.64\log_{10} 21021 + 3\log_{10} 13.49 - \log_{10} 474.2$$
$$= 0.64 \times 4.3226 + 3 \times 1.1300 - 2.6760$$
$$= 4.4807$$

查反对数表，知 $A = 30250$ 即为所求。

很明显，有了对数，乘方、开方运算可以转化为乘法、除法运算；而乘法、除法运算又可转化为加法、减法运算。高一级的数学运算转化为低一级的数学运算，这正是对数方法能够化繁为简的奥秘，也是对数方法的力量之所在。

耐普尔是怎样形成对数概念的？想要浅近地介绍这个过程是非常困难的，因为耐普尔以物体的直线运动为数学模型引入了对数方法，而即使是大体上叙述这个复杂的过程，也非得运用一些高深的数学知识不可。而且，不仅耐普尔的对数记号与现在人们常用的符号大不相同，实际上他对一些概念的理解也是较模糊的，甚至连"底数"为何物也不甚清晰。只是由于其他数学家的努力，对数方法才日臻完善。

几乎与耐普尔同时，瑞士钟表匠彪奇（1552 — 1632）也独立地发明了对数方法。彪奇与著名天文学家开普勒一起工作,也是由天文计算产生出简化计算思想的,不过,他的著作比耐普尔迟一些才发表。

英国数学家布里格斯教授(1561 — 1630),曾向耐普尔提过一个很好的建议。布里格斯认为将 10 作为对数的底数,运算起来就更加方便,他的想法得到了耐普尔的赞同,这导致了"常用对数"的创立。

运用对数方法,免不了要求出对数来,如果在实际运算中一次又一次地求对数,那就太麻烦了。布里格斯与另一位数学家佛拉哥(1600 — 1667)通力合作,造出了 14 位对数表,完成了从 1 到 100000 的对数计算。这是一项非常吃力的工作,例如计算一个 5 的对数,竟需要做 22 次开方。为了能延长他人的"生命",布里格斯与佛拉哥慷慨地献出了自己的韶华,这该是多么崇高的情操啊!

后来,人们又发现,在科学计算与研究中,以 e(e = 2.7182818…) 为底的对数,更适合实际的需要。于是又发明了"自然对数",这是高等数学中运用最为广泛的一种对数。

对数方法的目的是简化数值计算。英国人奥托里把计算好的对数值刻在木板上,通过木板滑动求出计算的结果,制造了世界上最早的对数计算尺。它使得数值计算更为简捷,几百年来,直到微型电子计算机(器)普及之前,对数计算尺一直是最受人们欢迎的小型计算工具。

耐普尔的功绩是不朽的。作为一个开拓者,他第一个深入研究了对数的理论,揭示出它的本质,并指出各种计算的实际应用,迈出了对数研究步履维艰的第一步。

业余数学家之王

学习了几何，就能测量；学习了代数，就能计算。……众多的数学分支都与现实生活有着密切的联系，然而，有一门数学分支却很难在生活中找到它的具体应用。这门数学分支就是"数论"。

数论是一门纯理论的数学分支学科，专门研究正整数的性质及其相互关系，比如质数、合数、不定方程，都是数论的研究对象。

数论也是一门非常古老的数学分支学科。有人说，最古老的谜最难猜，此话不无道理。在数论中，有不少古老而玄妙的数学"谜语"，至今尚未有人能猜到"谜底"，更给它增添了极大的魅力。且不说像"哥德巴赫猜想"那样世人皆知的数学难题，就说质数吧，尽管人们在2000多年前就开始研究它了，可是直到如今，数学家们都无法找到一个公式，把所有的质数全都表示出来。著名数学家高斯说过："数学是科学之王，数论是数学之王。"足见他对数论的推崇。

有趣的是，在17世纪，对数论的研究贡献最大的人，竟是一位业余数学家。

这位业余数学家叫费马（1601—1665）。

费马是一名法国律师，后来担任过议会议员。他特别喜爱数学，每当工作余暇，他就漫游在奇妙的数学王国里，让数学研究充实他的业余生活。费马非常欣赏古

费　马

希腊数学家丢番图巧妙绝伦的解题方法,决定以丢番图的工作为起点,进一步探求数论的奥秘。

虽然费马没有受过严格的数学训练,也不精于严谨的数学证明,但他具有伟大的直观天才。其实,数学也需要幻想,费马正是凭借丰富的想象力和深刻的洞察力,提出了一系列重要的猜想和一些新的数学方法,开创了近代数论的研究。

费马喜欢在别人数学著作的空白处写下自己的注解,提出自己的"定理",却几乎从来不给予证明,这就很难保证他的猜想都是正确的,而且,也给后人的工作添了不少的麻烦。

有一次,费马注意到这样一种现象,对 $2^{2^n}+1$ 而言,当 $n=1$ 时,$2^{2^1}+1=5$,其结果是质数;当 $n=2$ 时,$2^{2^2}+1=17$,其结果也是质数;当 $n=3$、4 时,其结果分别为 257 和 65537,也都是质数。于是费马猜想,用公式 $2^{2^n}+1$(n 是自然数)表示的数都是质数。

这猜想对吗?在费马死后 67 年,著名数学家欧拉发现当 $n=5$ 时,$2^{2^5}+1=4294967297=641\times6700417$,其结果是一个合数,不符合费马的断言,也就否定了费马的这个猜想。

不过,上述猜想是费马唯一一个被证明是错误的重要猜想,而他其余的重要猜想,几乎都已被后人证明是正确的。其中有一个猜想,即所谓的"费马大定理",300 多年里,则既未被证明也未被否定,成为历史上一个著名的数学难题。

什么是"费马大定理"呢?

$x^2+y^2=z^2$,这是丢番图在《算术》中详细讨论过的一类不定方程,它的整数解有无穷多个,比如勾股数 3、4、5,就是它的一组解。然而,方程 $x^3+y^3=z^3$ 有没有整数解呢?方程 $x^4+y^4=z^4$ 有没有整数解呢?……丢番图没有回答。

在《算术》法译本的空白处,费马用拉丁文写了这么一段话:"任何一个数的立方,不能分解为两个数的立方和;任何一个数的 4 次方,不能分解为两个数的 4 次方之和。一般来说,任何次幂,除平方之外,不可能分解成其他两个同次幂之和。我想出了这个断语的绝妙的证明,但书上这空白太窄了,无法把它写出来。"

也就是说,费马猜测:只要自然数 n 大于 2,方程 $x^n + y^n = z^n$ 就没有非零整数解。这就是"费马大定理"。

由于费马无意做一个数学家,生前从不公开发表自己的数学见解,所以,只是在他死后,人们清理他的遗物时,才知道了费马的这个猜想。

起初,人们试图找到费马在书上没写出的那个"绝妙的证明",但没有成功;后来,数学家们想:干脆重新证明吧。要证明"费马大定理"太难了,虽然每个少年读者都能弄懂题意,可要证明它,连高斯、欧拉、柯西等最优秀的数学家也都束手无策呢!

1908 年,德国格丁根数学会宣布:谁最先证明"费马大定理",就奖给谁 10 万马克,有效期 100 年,到 2007 年为止。

"重赏之下,必有勇夫。"10 万马克,这可是一个挺有诱惑力的数目。很快,在德国,在欧洲,掀起了一阵证明"费马大定理"的热潮。有人统计过,在很短的几年里,德国的各种刊物上就刊登了近千种不同的证明。可惜,那些都不是"绝妙的证明"。

第一次世界大战期间,马克不断贬值,10 万马克已经值不了几个钱了,可仍然有人在致力于"费马大定理"的证明。当然,他们是在为攻克科学难关,为显示人类智慧的威力而奋斗。

越来越多的迹象表明,"费马大定理"很可能是正确的,很可能是一个定理,但是,人们仍然未能给予普遍的证明。这方面的工作进展极其缓慢。电子计算机问世以后,人们的精神为之一振,特别是在电子计算机帮助人们证明了另一个著名的数学难题——四色定理之后,数学家们更加乐意于用现代化的手段来证明"费马大定理"。可是,前些年,美国数学家大卫·曼福特得到了这样一个结论:当 $n > 2$ 时,如果方程 $x^n + y^n = z^n$ 有非零整数解,那么,这样的整数解一定非常"少",而其数值之大,不仅远远超过了现有大型电子计算机的计算能力,还超过了从长远看来能够设想的任何电子计算机的能力。

不管怎样说,大卫·曼福特仍然未给予"绝妙的证明","费马大定理"也仍然只能算是一个猜想。1983 年,1984 年,从联邦德国接连传出消息说,数学家们又获得了新的进展。29 岁的大学教师法尔廷斯证实了 1922 年英国数学家莫德尔的一个著名猜想,可望在解决包括"费马大定理"在内的一大批难题中获得重大突破。也许,后天便有捷报飞传,可谁又能担保,在明天,不会有人证实"费马大定理"是错误的呢?反正在今天,在给予严格的证明之前,"费马大定理"还只能算是一个猜想。①

至于费马,这位掀起轩然大波的数学家,是否真的想出过"绝妙的证明",那就很难说了。也许,这是一个比"费马大定理"更难猜的谜。

数学,只是费马的业余爱好,可他对数学的贡献却是第一流的。除数论外,他还曾涉足其他一些数学领域。费马是微积分的重要先驱者之一,他实际上掌握了微积分的主要方法;费马还和帕斯卡(1623—1662)一起开创了概率论的研究。值得特别指出的是,费马和笛卡儿(1596—1650)各自创立的解析几何学,揭开了高等数学时期的序幕,具有极其深远的历史意义。

遗憾的是,费马没有意识到引进符号体系的重要意义,他用烦琐方式表述的新的数学思想,也就很难为同时代的人所接受。有关解析几何的著作也是这样,费马笨拙的陈述,把数学家从他那儿吓跑了,于是,人们将热情的赞歌几乎全都献给了解析几何的另一位创始人、费马聪明而幸运的同胞——笛卡儿。

---

① 1994 年,英国数学家安德鲁·怀尔斯等成功地证明了费马大定理,并于 1998 年获得了菲尔兹奖(特别奖)。

揭开新时期的序幕

1618 年秋天,在荷兰南部一个叫作布莱达的小镇上,开展了一项有奖数学竞赛活动。街上贴了布告,布告上有一些数学竞赛题,还说,谁解答了上面的这些难题,谁就是镇上最好的数学家。

谁是镇上最好的数学家呢? 人们围着布告猜测着,议论纷纷。围观的人群惊动了一个正在街上闲逛的士兵——一个终日里无所事事的法国小伙子,他挤进人群凑热闹,可是,他听不懂当地的话,不知道这里究竟发生了什么事。

"布告上写了些什么?"他用法语向周围的人打听。

一位学者模样的人,回头打量了一下这个莽撞的士兵,开了个玩笑:"哦,想知道布告的内容吗? 唔,很好,我可以告诉你,但你以后得把你的答案告诉我……"

第二天早上,年轻的士兵胆怯地敲开了荷兰学者的家门,递上他的答卷。这位学者叫毕克门,是当地一所学院的院长,他不在意地接过答卷。可看罢答卷,毕克门大吃一惊,难题全都解答了,而且没一点儿差错,想不到这个年轻人竟有如此敏捷的数学天才。

笛卡儿

这个震惊了布莱达镇的年轻士兵,就是后来的科学巨匠笛卡儿。

笛卡儿1596年出生在法国土伦一个古老的贵族家庭里,小时候,他被送进当时欧洲最著名的一所教会学校里念书。在学校里,笛卡儿非常勤奋地学习,可他学完学校开设的全部课程之后,觉得反而陷入更多的困惑之中。于是,他拼命搜集、阅读了大量的课外书籍,思考书中讲的道理。他后来回忆说:"那些被认为是最奇怪的、最不寻常的有关各种学科的书,凡是我能搞到的,我都把它们读完。"书本丰富了笛卡儿的知识,却仍然不能使他满足,1616年,笛卡儿带着许许多多的问号,从学校毕业了。

从学校毕业后,根据当时的风气,有两条道路可供笛卡儿选择,要么致力于宗教,要么献身于军队。笛卡儿选择了后者,1617年,他戎装来到荷兰。

士兵的生活是非常艰苦的。笛卡儿从小就身体虚弱,单调机械的操练,使他兴趣索然,觉得无所事事。只是在他小试锋芒,解答了布莱达镇上的难题后,这种状况才有所改变。他和毕克门院长成了好朋友,经常在一起讨论数学问题。笛卡儿感到很愉快,学问也有了长进,这时,他才意识到自己长于数学,萌生出致力于数学研究的念头。

笛卡儿对当时数学研究的状况颇为不满,他认为在一些人手中,数学已"成为一种充满混杂与晦暗,故意用来阻碍思想的艺术"。这种激愤的心情,也正好反映了他是极为注重数学的。在笛卡儿心目中,数学是任何别的科学的典范,只有以数学为模型的科学,才能认为是正确的。这是笛卡儿毕生坚持的信念,也是推动他去创新数学方法的一个动力。

笛卡儿对数学的伟大贡献,是发现了一种新的数学方法,把几何与代数这两门独自发展的学科结合成一个整体。

地图上,人们常常画上许多条线,纵的叫经线,横的叫纬线,交叉的经纬线可以确定任何一个地方在地球上的位置。例如,用东经114°8′、北纬30°28′这两个数据,就可以确定武汉市在地球上的位置。笛卡儿受古老的经纬制度启发,创立了坐标方法。如右图,在平面上画上两条垂直的直线,在标明刻度、确定方向之后,就建立

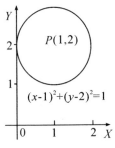

点和数一一对应

了一个坐标系。于是，P 点在平面上的位置，可以由一对实数 $(1,2)$ 来唯一确定；而满足方程 $(x-1)^2+(y-2)^2=1$ 的所有解，这一系列变动着的实数对，则在平面上刻画出一条几何曲线———一个圆心在 P 点、半径等于 1 的圆。就这样，笛卡儿在代数中的数与几何中的点、几何中的曲线与代数中的方程之间，建立起一种对应关系，把它们紧紧联系在一起了。

笛卡儿的发现是一个伟大的创举。在此以前的一千多年里，几何学一直统治着西方数学，而代数则处于附庸的地位，例如解方程，笨拙的几何作图方法竟是数学家们唯一信得过的方法。笛卡儿改变了这种不合理的格局，他的基本思想是用代数方法来解决几何问题。当几何关系用代数方式表示以后，烦琐的缺乏一般性的几何方法，就在简捷的代数运算中得到了统一的处理。代数方法的优越性得到了揭示，从此，代数也就成为最基本的数学部门。

至于几何学本身，由于引进坐标方法，废除了古希腊数学家对几何学研究对象的苛刻限制，更显得海阔鱼跃，天高鸟飞，比如，古希腊数学家固执地认为，只有能由尺规作出的图形才算是几何图形。在笛卡儿建立了代数方程与几何曲线的对应关系后，这样的限制就显得没有道理了。不仅如此，由于坐标方法能轻松地解决许多繁复的几何问题，促使数学分出一门新的独立分支，后来牛顿将这门分支命名为解析几何学。

更重要的，是笛卡儿为了刻画动点的轨迹，引入了变数的概念，这就把运动引进了数学，把辩证法引进了数学。在解析几何里，曲线被理解为动点运动的轨迹，而运动着的点和变动着的数是一一对应的，于是，变化着的事物就成了数学研究的对象。它标志着数学发展发生了伟大的转折，标志着人们对数学的认识经历了一次飞跃，高等数学也就随之登上了历史舞台。

笛卡儿的功绩是不朽的。可有人却喜欢把解析几何创始的过程加以神秘的渲染，也有人说笛卡儿是由蜘蛛结网联想到坐标方法的。自古以来，见过蜘蛛结网的人又何止千千万万，为什么他们就没能创立解析几何呢？其实，更深刻地说，笛卡儿的伟大发明，是 17 世纪社会发展的必然产物。当时，

121

机械生产正逐渐取代工场手工业的生产方法,机械的运动向数学提出了许多新的问题,而要解决这些问题,以常数为对象的旧的数学方法是无能为力的。解析几何学正是在这种形势下应运而生的。没有笛卡儿,情况也许是另外一种样子,但是,一定会有人作出同样的贡献来改变数学的面貌,来解决不断发展的技术问题。费马独立获得了解析几何学的思想,不就是一个绝妙的例证吗?

1649年,笛卡儿应瑞典女王的邀请,移居到斯德哥尔摩,那里寒冷的气候损害了他的健康,第二年他就与世长辞了。后来,这位法兰西民族骄子的骨灰被转送回法国,移葬到巴黎名人公墓中一块最有声誉的墓地,1819年又被移入圣日耳曼圣心堂中,墓碑上镌刻着这样一段文字:

笛卡儿,欧洲文艺复兴以来,第一个为人类争取并保证理性权利的人。

站在巨人的肩上

　　笛卡儿、费马创立的解析几何学，像一声号角，宣告了高等数学时期的到来。变量，而不是常量，日益成为数学研究的主要对象。对变量之间相互关系的探讨，导致函数概念的产生，紧接着，一个空前伟大的数学创造——微积分，凝聚着人类思维的激情，开拓出一个新的科学天地。

　　微积分的出现，不仅揭开了数学发展史上极其光辉的一页，也在整个自然科学发展史上占有相当重要的地位，它极其深刻地影响着生产技术和自然科学的发展，成为人们征服自然、改造自然的重要工具。如果说天文学家不能没有望远镜，生物学家不能没有显微镜，那么，不仅是数学家，所有的自然科学家都不能没有微积分。

　　提起微积分的产生，人们便会联想到一批数学巨人的名字，其中，英国科学家牛顿(1643—1727)的名字最为引人注目，使人自豪。

　　牛顿是历史上最伟大的数学家之一。可在小时候，他却是一个不爱读书的孩子。12岁那年，牛顿由乡村小学转入镇上的学校念书，但他仍对功课不感兴趣，上课老是思想"开小差"。据说，学校里按照成绩的好坏给学生们编排座位，成绩好的学生坐在教室的最前边，成绩不好的学生依次排在后面，而牛顿呢，由于成绩不好，总是坐在教室最后排的角落里。同学们都瞧不起他，有一次，一

牛　顿

123

站在巨人的肩上

个同学还欺侮牛顿,用脚狠狠地踢他。这些事给了牛顿很大的刺激,他从此发愤图强,认真学习。牛顿的成绩很快就上升了,座位也逐渐前移,不久就移到最前排的第一个位置。

在牛顿出生前不久,他父亲就去世了。牛顿14岁那年,他已经再嫁的母亲又成了寡妇,带着3个孩子回到了家乡。家里的生活更加困难了,牛顿被迫停止学业,回到乡下帮母亲干活。

在乡下,牛顿每天都要干很多很多的农活,但是,只要一有空闲,他就立刻坐下来刻苦读书。牛顿也非常注意仔细观察大自然,据说,他放牧的时候,常常因为思索着大自然的奥秘,连羊群在糟蹋庄稼都没有察觉呢。

牛顿勤奋好学的精神感动了他的母亲,她决心克服困难,让儿子去继续求学。牛顿又回到了学校。后来,他考上了英国一所著名的大学——剑桥大学。

在大学里,牛顿每天要干许多勤杂活儿来减免自己的学费,减轻家里的负担。他非常珍惜学习的机会,用顽强的毅力去克服各种困难。在数学方面,牛顿幸运地得到巴罗教授(1630—1677)的指导,很快就了解了笛卡儿、开普勒、沃利斯(1616—1703)等人的科学成就,也从巴罗的《数学讲义》里获得了不少的启迪。这些,为牛顿以后的科学创造奠定了坚实的基础。

大学毕业后不久,碰上伦敦地区鼠疫大流行,学校关闭了,牛顿回到了家乡。在家乡的两年,是牛顿发明最旺盛的时期,他平生三项最伟大的科学发现:流数术(微积分)、万有引力定律和光的分析,都是在这一时期孕育成形的。

苹果从树上落到地上,这是人们司空见惯的现象;苹果为什么不往天上飞呢?牛顿提出了疑问。他运用智慧和所学的知识对此作了深入的探索,断定苹果落到地面是受到一个力的作用,而这个力与使月球留在它的轨道上的力是同一个力,并且这个力的大小与物体离地球中心的距离的平方成反比。他进一步将这个结论应用到行星的运动、潮汐现象,甚至是彗星的运动上,发现了著名的万有引力定律,揭示了宇宙天体的奥秘,从而奠定了天体力学的基础。

在研究物理学问题时，牛顿深切地感受到，传统的数学手段是那样的软弱无力，已经难以满足分析研究物理定律的需要，促使他去寻觅一种新的数学方法。在牛顿之前，笛卡儿、费马、巴罗等许多数学家都曾努力寻觅这样的数学方法。

牛顿以速度之类的问题为中心概念，从前辈数学家纷乱的猜测中，清理出有价值的思想，并用丰富的想象力将零碎的知识重新组织起来，建立了一种与物理概念直接联系的数学理论。这种理论实际上就是微积分，牛顿称之为"流数术"。

微积分是微分学和积分学的统称，用它能够解决许多用初等数学无法解决的问题。例如计算右图中曲边三角形 OAB 的面积，用初等数学的方法完全无能为力；运用积分学方法，则很快就能算出问题的答案。首先，我们把线段 OB 分成相等的 n 小段，把它们当作矩形的宽，一共可以组成 $(n-1)$ 个小矩形。由于 $y=x^2$，这些小矩形的高依次是：

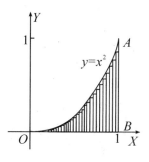

求曲边三角形的面积

$$\left(\frac{1}{n}\right)^2, \left(\frac{2}{n}\right)^2, \cdots, \left(\frac{n-1}{n}\right)^2$$

它们的面积依次是：

$$\left(\frac{1}{n}\right)\cdot\left(\frac{1}{n}\right)^2, \left(\frac{1}{n}\right)\cdot\left(\frac{2}{n}\right)^2, \cdots, \left(\frac{1}{n}\right)\cdot\left(\frac{n-1}{n}\right)^2$$

它们面积的和近似于曲边三角形 OAB 的面积：

$$S \approx \left(\frac{1}{n}\right)\cdot\left(\frac{1}{n}\right)^2 + \left(\frac{1}{n}\right)\cdot\left(\frac{2}{n}\right)^2 + \cdots + \left(\frac{1}{n}\right)\cdot\left(\frac{n-1}{n}\right)^2$$

$$= \frac{1}{n}\cdot\frac{1}{n^2}\cdot\left[1^2 + 2^2 + \cdots + (n-1)^2\right]$$

$$= \frac{1}{6}\left(1-\frac{1}{n}\right)\left(2-\frac{1}{n^2}\right)$$

显然，小矩形的个数愈多，上述近似值就愈加接近真实面积。如果 n 无限大，$1/n$ 和 $1/n^2$ 就会无限小，无限趋近于 0，近似值 $\frac{1}{6}\left(1-\frac{1}{n}\right)\left(2-\frac{1}{n^2}\right)$ 就会无限趋近于 $1/3$。$1/3$ 就是曲边三角形 OAB 的面积。

上面详细地介绍了解题的基本思想，其实，应用微积分运算法则，上述过程是非常简捷的。即

$$S = \int_0^1 x^2 \mathrm{d}x = \frac{1}{3}x^3 \bigg|_0^1 = \frac{1}{3}。$$

牛顿发明了"流数术"，但没有公开。鼠疫消失之后，他又回到了剑桥大学。1669 年，巴罗教授坦然宣称牛顿的学识超过了自己，毅然辞去"卢卡斯教授"的职位，把它让给年仅 26 岁的牛顿，为牛顿发挥聪明才智创造了更好的条件。

牛顿对科学的贡献是巨大的。他用数学方法建立起完整的经典力学体系，首次实现了自然科学的大综合，是人类对自然界认识的巨大飞跃。恩格斯在《英国状况》一书中是这样评价牛顿的："牛顿由于发明了万有引力定律而创立了科学的天文学；由于进行了光的分解而创立了科学的光学；由于创立了二项式定理和无限理论而创立了科学的数学；由于认识了力的本性而创立了科学的力学。"

尤其可贵的是，像牛顿这样一位伟大的科学家，不仅勇于探索高深的科学理论，也十分注意基础知识的普及教育。1707 年，牛顿特地为中学生编写了一本数学教科书，通过许多有趣而又复杂的数学问题，极力推荐列方程解应用题的方法。他还说："学习科学时，题目有时比规则还有用些。"由于牛顿的热情推荐，许多例题曾在世界各地广为流传。例如："有 3 块草地，面积分别是 $3\frac{1}{3}$ 顷、10 顷和 24 顷。草地上的草一样厚，而且长得一样快。如果第一块草地可以供 12 头牛吃 4 个星期，第二块草地可以供 21 头牛吃 9 个星期，那么，第三块草地恰好可以供多少头牛吃 18 个星期？"

1696 年，牛顿辞去了担任近 30 年的教授职务。此后，他虽然一直热心公务，很少进行科学研究，但他的数学思想仍然很敏锐。有一次，数学家约

翰·伯努利(1667—1748)编了两道数学难题,向全欧洲的数学家挑战。6个月后,数学家们纷纷败下阵来,说题目太难了。牛顿碰巧听说了这件事,当天晚饭后,他抽了点时间很快就把难题解答了。为了不惹麻烦,牛顿的答案没有署名,约翰·伯努利看到答案后曾感慨地说:"啊,我认出了狮子的巨爪!"

晚年,牛顿一直是英国皇家学会的主席。

面对荣誉和赞扬,牛顿谦虚地说:"我不知道世人的看法怎样,我只觉得自己好像是在海滨游戏的孩子,有时为找到一个光滑的石子或比较美丽的贝壳而高兴,而真理的海洋仍然在我的前面未被发现。"

他还说:"如果我比笛卡儿看得更远点,那是因为我站在巨人的肩上。"

1727年3月31日凌晨,牛顿逝世了。人们怀着崇敬的心情,在他的墓碑上刻下了这样一段文字:

他以几乎神一般的思维力,最先说明了行星的运动和图像、彗星的轨道和大海的潮汐。让普通平凡的人们因为在他们中间出现过一个人杰而感到高兴吧!

127

英雄所见略同

微积分不是凭空产生的,它经历了长时间的酝酿过程,它的有些思想甚至可以追溯到遥远的古代。

在2000多年前,我国古代哲学名著《庄子》里,就曾经迸发出极限思想的火花,而极限理论正是微积分理论的基础。《庄子》中说:"一尺之棰,日取其半,万世不竭。"这是相当深刻的思想。一根一尺长的木棍,每天将其截短为一半,可以永远地继续下去。木棍的长度会不断地缩短,会无限地接近于0。但永远不会等于0。0是它的极限。

在古希腊,数学家用穷竭法来计算曲边形的面积和体积,这种方法很接近积分的方法。简直可以说,古希腊人和微积分失之交臂了。

既然古代数学家产生过这些深刻的数学思想,为什么古代社会又没能发明微积分呢?其实,数学成果并不是数学家头脑的"自由创造物",数学本身也是有关时代的函数,受时代制约,随时代变化。一般地说,有了相应的社会条件,才有相应的数学创造。

历史进入17世纪以后,机器逐渐在工业生产上得到普遍的应用。机器的飞速旋转,向数学家提出了许多新的问题,这些问题大多和运动、变化有关;同时,它也为数学家解决这些问题提供了大量的物理模型,微积分才得以应运而生。

牛顿是微积分的重要奠基者,和他并驾齐驱、共同跑完创立微积分最后一程的,还有德国数学家莱布尼茨(1646—1716)。

莱布尼茨兴趣广泛,多才多艺。他是法学教授,却写有第一流的数学著作,并且在哲学、历史、语言、生物学、地质学、机械、物理等领域,均有很深的造诣,是一位才华横溢的博学巨人。

莱布尼茨

莱布尼茨的父亲是莱比锡大学的道德哲学教授,家里有良好的藏书条件。少年时代的莱布尼茨常常独立地阅读他父亲的藏书,很早就熟悉了一些学科的基础知识。在众多的图书中,最吸引莱布尼茨的要数笛卡儿的著作了。笛卡儿注重数学的观点,给他留下了深刻的印象,使他对数学问题特别感兴趣。

15 岁时,莱布尼茨进入莱比锡大学学习,虽然他选择法学作为专业,但仍然以极大的热忱去掌握各门科学。毕业后,他又热衷于外交事务,才华横溢,颇具声誉。莱布尼茨的道路似乎就此决定了,然而,一趟偶然的差事却改变了他的生活。

1672 年,莱布尼茨作为大使访问法国巴黎。在那里,他结识了惠更斯(1629—1695)等著名科学家,了解到人们正在探索一种有关变量的数学。这种新数学的巨大魅力,使他以往对数学的兴趣重又产生。

1684 年,在长时间的钻研之后,莱布尼茨发表了第一篇微分学论文,这是世界上最先发表的微积分文献,具有划时代的意义。这篇论文只有 6 页纸,标题却相当长,叫作《一种求极大极小和切线的新方法,它也适用于分式和无理量,以及这种新方法的奇妙类型的计算》。两年之后,他又发表了第一篇积分学论文,比牛顿最早发表的"流数术"著作还要早 1 年。

莱布尼茨独立地获得了微积分思想,而且是以与牛顿不尽相同的方式。牛顿是为解决物理学问题而研究微积分的,力学问题是中心概念,他不强调方法,力图通过应用来显示微积分的重要价值;而莱布尼茨呢,则以哲学家的眼光来看待这项伟大的创造,他精心选择微积分符号,注重公式系统,建立微积分法则,关心用运算公式创造出广泛意义下的微积分。这对普遍推广微积分方法很有利。现在人们常用的微积分符号,如 dx, dy, $\int ydx$,还是莱布尼茨最先发明的呢!

牛顿与莱布尼茨的工作方式也不同。牛顿是经验的、具体的和谨慎的,而莱布尼茨是富于想象的、喜欢推广的和大胆的。尽管如此,他们却殊途同归,双双获得了微积分的真谛,共同奠定了这个伟大创造的基础,真是英雄所见略同啊。

几乎与此同时,在世界的东方,日本古代最杰出的数学大师关孝和(约1642—1708),创立了一种用来求圆的弧长等的"圆理术"。一些日本学者指出:"圆理术"实际上已得到了微积分的要旨,只不过是在概念的广度和方法的普遍性上不如牛顿、莱布尼茨等人创立的微积分而已。

牛顿比莱布尼茨早10年得到微积分的结论,由于他害怕批评,却比莱布尼茨晚3年发表微积分著作,这样,发明微积分的优先权问题,导致了一场长达百年的"数学战争"。

英国的学者坚定地支持牛顿,指责莱布尼茨是剽窃者,而欧洲大陆的数学家则毫不含糊地捍卫莱布尼茨。欧洲的数学家分成了两派,他们相互指责、讽刺挖苦,并且停止了学术交流。

欧洲大陆数学家沿用莱布尼茨的分析法,并加以光大,获得了丰硕的数学成果;英国数学家由于盲目崇拜牛顿,拘泥于牛顿的几何方法,故步自封,若干年后他们几乎连在全欧洲通用的微积分符号都不认识了。这时他们才意识到,偏见和迷信已给英国的数学研究带来了多么巨大的损失。

在数学家们为优先权问题争论不休的同时,无论是在英国,还是在欧洲大陆,微积分的拥护者无一幸免地遭到了宗教势力的攻击。这种攻击是恶毒的,但也反映了当时的微积分是不完善的,可以这样说,微积分的创造者们将一件出色的工具奉献给了人类,却无法对工具的结构原理提供足够的说明。

面对攻击,无论是在英国,还是在欧洲大陆,先进的数学家们都没有退缩。虽然他们对一些基本概念的理解是含混不清的,但却从微积分在实践方面的胜利中得到鼓舞,因为他们用微积分计算的结果几乎总是正确的。于是,他们认定微积分是合理的,毫不犹豫地继续向前奋进。实际上,连微积分最穷凶极恶的反对者也不得不承认:"流数术是一把万能的钥匙,借着它,近代数学家打开了几何以至大自然的秘密。"

微积分的创立过程,也反映了数学与科学关系的新变化,这就是数学与科学之间的界限变得模糊了。当科学变得越来越依赖数学来产生它的结论时,数学也变得越来越依赖于科学的成果来证实自己做法的正确性。这一切,与古希腊时期欧几里得几何与科学技术明显脱节的情形,恰好形成了一个鲜明的对照。

"一切人的老师"

在数学史上，如果把 17 世纪称作是天才的世纪，那么，18 世纪则可称作是发明的世纪。

在 17 世纪里诞生的微积分，为人类探索大自然的奥秘提供了强有力的武器。18 世纪的数学家们毫不犹豫地操起这件武器，闯进了自然科学的各个领域，他们迫不及待地把实际问题转化为数学形式，然后就陶醉在公式的演算之中。微积分知识在应用中获得扩展，派生出许多新的数学分支。新的数学发明像喷泉般涌现，令人眼花缭乱，把数学王国点缀得更加精彩纷呈。

如果想用一个人的工作来概括 18 世纪数学的特点，欧拉(1707—1783)就是再合适不过的人选了。

欧拉是 18 世纪最杰出的数学家，也是历史上最伟大的数学家之一。虽然他没有做出划时代的数学创造，然而，却从来没有一个人能够像他那样巧妙地把握数学，产生过那么多令人赞叹的数学成果，发明过那么多令人钦佩的数学方法。欧拉线、欧拉常数、欧拉公式、欧拉准则、欧

欧 拉

拉方程、欧拉定理……几乎在每一个数学分支里，都记载有欧拉闪光的名字，都留有他辛勤耕耘的足迹。

景色佳丽的中欧国家瑞士是欧拉的故乡。欧拉的父亲是一位乡村牧

师,他希望欧拉能够成为一个神学家,可是,1720 年,13 岁的欧拉进入巴塞尔大学后,却在约翰·伯努利教授的指导下,走上了献身数学研究的道路。

约翰·伯努利(1667—1748)是著名的伯努利"数学家族"的成员,这个家族的座右铭是"努力向前",4 代人中间产生过数十位数学家。约翰·伯努利的哥哥雅科布·伯努利(1654—1705),也是巴塞尔大学的数学教授,他们兄弟俩都是莱布尼茨的朋友,也都是微积分的重要奠基者。约翰·伯努利的 3 个儿子和 2 个孙子,也是当时享有盛名的数学家。数学史专家斯科特赞叹说:"这个天赋聪颖的家族几乎对数学的每个分支都做过有价值的贡献,欧洲大陆上微积分的迅速发展应归功于他们的热忱与才能。"这样一个鼎盛的数学家族,堪称数学史上的奇迹,大概只有我国清代的梅文鼎家族才差可媲美。

约翰·伯努利特别赏识聪明勤奋的学生欧拉,他的两个儿子尼古拉·伯努利(1695—1726)和丹尼尔·伯努利(1700—1782)也和欧拉结成了亲密的朋友。1727 年,由于丹尼尔·伯努利的推荐,欧拉来到了俄国首都彼得堡,后来,他接替丹尼尔·伯努利出任彼得堡科学院数学教授,这时他才 26 岁。

欧拉涉足的数学领域是极其广泛的,成就也是多方面的。有人将他发明的公式

$$e^{ix} = \cos x + i\sin x (若 \ x = \pi, 则 \ e^{ix} + 1 = 0)$$

称作是全部数学中最卓越的公式之一,因为它把数学中最重要的 5 个数:1、0、i、π、e 联系在一起。其中,用符号 i 表示虚数 $\sqrt{-1}$,用符号 e 表示自然对数的底数,还是欧拉首创的呢!而用符号 π 表示圆周率,也是经过欧拉的提倡,才获得普遍承认的。

欧拉是微积分的忠实捍卫者。由于牛顿、莱布尼茨在创立微积分时,并没有真正理解它的基础理论——极限论,这样,这项伟大的数学创造就存在着逻辑上的困难,找不到合适的数学理由来证实它的存在是合理的,因而遭到一些人的怀疑和攻击。欧拉确信用微积分方法能得出正确结果不是偶然

的,因而不去理会微积分理论的缺陷,大胆地运用微积分去解决科学技术问题,开拓新的数学分支,把数学研究之手伸入到自然与社会的深层。微积分在应用中获得扩展,益发显示出它的重要价值。欧拉拒绝把几何作为微积分的基础,他强调纯粹形式地研究函数,进一步把微积分从几何的束缚中解放出来,为其深入发展开辟了道路。

1735年,寒冷的天气和过度紧张的工作,终于使欧拉病倒了。不久,他的一只眼睛失明了。1741年,欧拉接受普鲁士国王弗里德里希二世的邀请,转到气候比较温暖的柏林科学院继续研究工作。1766年,在俄国女皇叶卡杰琳娜二世的诚恳敦聘下,欧拉冒着双目失明的风险,重新回到了彼得堡,以后就一直生活在俄罗斯的土地上。

回到彼得堡不久,欧拉的另一只眼睛也失明了。他默默地忍受着失明的痛苦,用惊人的毅力与困难作顽强的斗争。在未完全失明之前,欧拉更是抓紧一分一秒,在大黑板上奋笔疾书他发明的数学公式,让他儿子(也是数学家)记录下来,继续用他深刻的思想为人类造福。

罕见的记忆力和超群的心算能力,是欧拉能够在黑暗中继续数学研究的重要条件。有一次,欧拉的两个学生进行一次很复杂的数学计算,算到第50位数字时,两人的答案相差一个单位。欧拉为了确定谁的答案正确,于是默默地心算了一遍,竟把错误给找了出来。

1771年,一场大火殃及欧拉的住宅。人们从火海中把失明的数学家救了出来,但他的书库和大量的研究成果却全部化为灰烬。对一个科学家来说,这是比失明更为可怕的打击。欧拉挺住了。接踵而来的打击,丝毫没有停止这位数学巨人的工作,欧拉发誓要把损失全夺回来,开始以更快的速度进行数学创作。欧拉是历史上著述最多的数学家,而他有400多篇论文和许多著作,就是在完全失明的17年中由他口述而成的。每年,他都以800页的速度,向世界呈献出一篇篇高水平的科学论文和著作,还解决了一些著名数学难题。生活在黑暗中,却顽强拼搏,用自己闪光的数学思想照耀别人深入探索的道路,这该是多么崇高的情操啊!

欧拉是一位品德高尚的数学家。有一门数学分支叫变分法，欧拉是这门分支的创始人之一。他长期苦心考虑"等周问题"，并和年轻的法国数学家拉格朗日（1736—1813）通信讨论这个问题，在拉格朗日得到这个问题的解法之后，欧拉立即予以热烈赞扬并压下自己这方面的作品暂不发表，使得这个年轻数学家获得了巨大的声誉。

欧拉在俄罗斯生活了30多年，为推动俄罗斯数学研究的发展作出了极其重要的贡献。他把先进的数学知识传入长期闭塞落后的俄罗斯，创立了俄罗斯第一个数学学派——欧拉学派，培育了一批富于进取的数学家，他们又将欧拉创造性的科学和教学法思想深入推广普及，造就了更多的数学新人。俄罗斯人民深切地感激欧拉孜孜不倦的工作，在不少的俄国书籍里，还亲切地称欧拉是"伟大的俄罗斯数学家"呢！

欧拉也是一位热心的教育家。他不仅亲自动手为青少年编写数学课本，撰写通俗科学读物，还常常抽空到大学、中学去讲课。1770年，欧拉已经双目失明了，仍然念念不忘给学生们编写一本《关于代数学的全面指南》。现在，在世界各国的数学课外书籍里，都能见到下面这道叫作"欧拉问题"的数学题。

"两个农妇带了100个鸡蛋去集市上出售。两人的鸡蛋数目不一样，赚得的钱却一样多。第一个农妇对第二个农妇说：'如果我有你那么多的鸡蛋，我就能赚15枚铜币。'第二个农妇回答说：'如果我有你那么多的鸡蛋，我就只能赚 $6\frac{2}{3}$ 枚铜币。'问两个农妇各带了多少个鸡蛋？"

欧拉深邃精湛的知识，永远进取的精神，顽强拼搏的意志，高尚的道德品质，赢得了人们广泛的尊敬。在18世纪，几乎全欧洲的数学家都把欧拉当作是自己的导师，著名数学家拉普拉斯曾谆谆告诫年轻人："读读欧拉，读读欧拉，他是我们一切人的老师。"

"一切人的老师"

七桥漫步

在离普莱格尔河入海口不远的地方,有一座古老的城市——哥尼斯堡(今俄国加里宁格勒)。普莱格尔河的两条支流在这里汇成一股,奔向蓝色的波罗的海。河心的克奈芳福岛上,矗立着哥尼斯堡大教堂,整座城市被河水分隔成4块。于是,人们便修造了7座各具特色的桥(如图1)。

图1

这座城市虽然不大,在历史上却很有名气。它曾经是东普鲁士的首府,又曾经养育出两个著名人物——18世纪的大哲学家康德和19世纪的大数学家希尔伯特。

但是,最先给这座城市带来声誉的,还是那7座横跨普莱格尔河,把哥尼斯堡连成一体的桥梁。

一天又一天,这七座桥上走过了无数的行人。潮湿的、带着咸味的海风,从波罗的海海面吹来,克奈芳福岛上的大教堂里,传出一阵阵悠扬洪亮的钟声。不知在什么时候,脚下的七桥触发了人们的灵感,一个有趣的问题在居民中传开了:

谁能够找出一条路线，经过所有这七座桥而每座桥都只经过一次？

这个问题看上去是那么简单，人人都乐意用来测试一下自己的智力。

活泼好动的孩子们，在桥上跑过来跑过去，不厌其烦地试验他们设想的每一条路线。

那些在桥上悠闲散步的老人，额上的每一根皱纹也似乎都在寻思问题的答案。

可是，把全城人的智慧都加在一起，也没有找出一条合适的路线。不过，哥尼斯堡的居民们不必为此而感到羞愧，因为这个问题传开以后，欧洲许多有学问的人也都一筹莫展。

就这样，哥尼斯堡由于这个"七桥问题"而出了名。

后来，"七桥问题"传到旅居俄国彼得堡的欧拉耳朵里。1736 年，欧拉向彼得堡科学院提交了一份报告，圆满地解决了这个难题。

欧拉是怎样解决"七桥问题"的呢？

欧拉解决问题的关键，是他采取了正确的思维方法，而不在于运用多深奥的理论。其实，你也是可以解决这个问题的。

欧拉研究"七桥问题"的第一步，是循着这样的思路进行的：既然问题是要找一条不重复地经过 7 座桥的路线，而四大块陆地无非是桥梁的连接点，那么，桥梁的曲直、长短，陆地的形状、大小，就都是无须考虑的。因此，不妨把 4 块陆地看成是 4 个点，把 7 座桥梁画成 7 条线。

于是，一座生动的、仪态万千的哥尼斯堡，在欧拉笔下就变成了如图 2 所示的抽象而构图简单的几何图形。

于是，寻找不重复地经过哥尼斯堡七桥的路线，就变成了用笔不重复地画出这个几何图形，即一个"一笔画"问题。

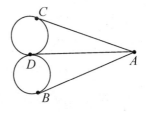

图 2

可别小看了这一步，它表明了数学家处理实际问题的独特之处——首先把一个实际问题抽象成合适的"数学模型"。这种研究方法叫作"数学模型方法"。其实,我们大家都使用过这种方法,列方程解应用题,不就是首先把各种实际问题抽象成由一个(或一组)方程式构成的数学模型吗?当然,因为实际问题是丰富多彩的,数学分支也是枝繁叶茂的,因此,数学模型也是类型各不相同的。针对一个具体的研究对象,能不能选择合适的数学工具,建立起合适的数学模型,常常成为这项研究任务能否成功的关键。单是在这一点上,欧拉就表现出了他超群的数学才能。

欧拉的下一步工作,是把"七桥问题"的提法改变了角度。原先,人们是要把那条不重复的路线找出来,现在,欧拉首先要研究,这条不重复的路线存在还是不存在?

就是这么改变一下提问题的角度,欧拉就抓住了问题的实质。那条不重复的路线如果存在,寻找它才是有意义的;如果根本不存在,寻找它岂不是白费力气?

这种研究问题的角度,就是所谓的"存在性问题",在数学研究中占有十分突出的地位。

大家一定还记得,从古希腊时期起,曾经有许许多多的人企图用尺规三等分角,结果都失败了,直到1837年由旺策尔证明三等分角的尺规作图方法根本不存在以后,人们才放弃了这种徒劳的努力。尽管现在还不时有人声称自己找到了三等分角的解法,那都是根本不值一看的。

反过来,如果在理论上证明某个数学问题的解是存在的,但又一时无法求出这个解,数学家们也仍然会充满信心地期待在未来的某个时候圆满地解决这个悬案。还有这样的情况:只要能够证明某个数学问题的解是存在的,并不需要把这个解真的求出来,人们也可以毫不夸张地声称这个数学问题已经解决了。

由此可见研究"存在性问题"的重要意义。

那么,不重复地经过哥尼斯堡七桥的路线是否存在呢?也就是说,一笔画出图2的方法是否存在呢?

欧拉考察了"一笔画"的结构特征。"一笔画"有个起点和终点(若图形是封闭的,起点就与终点重合),而中间每经过一个点,总有画到那点去的一条线和从那点画出来的一条线。因此,单独考察"一笔画"中的任何一个点,除开起点和终点以外,都应该和偶数条线相连;如果起点和终点重合,那么连这个点也应该和偶数条线相连。

拿这个一般法则分析图2,我们立即可以看出,图中的 A、B、C、D 四个点,每个点都与奇数条线相连。

因此,欧拉断言,一笔画出图2的方法是不存在的,从而不重复地经过哥尼斯堡七桥的路线也是不存在的。

一个难住了那么多人的问题,竟是这么一个出人意料的答案!

欧拉解决"七桥问题"的方法并不深奥,但却很新颖。它的新颖之处,不仅在于欧拉独辟蹊径的解题思路,更在于图2的"一笔画"问题虽然是一个几何问题,可是这种几何问题却是欧几里得几何所没有研究过的。

欧几里得几何研究的,都是与几何图形的长度、角度等有关的性质,或者说,是把几何图形当成刚体研究的。而在"一笔画"问题里,长度、角度、面积、体积等概念都变得没有意义了,几何图形变得"软绵绵"的了,4 块陆地可以压缩成 4 个点,连线条的长短曲直、交点的准确方位,都是无关紧要的,要紧的只是点线之间的相关位置,或相互连接的情形。你不妨把图2当作是用橡皮筋粘连成的,只要不改变各部分的粘连关系,随便你把它拉伸成什么形状,诸如图 3 所示的几种样子,都没有改变这个"一笔画"问题的性质。

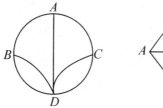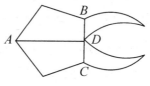

图3

因此,欧拉认为,这类几何问题属于一门新的几何学分支。他注意到这门新几何学考察的是几何元素(点、线、面)之间的相关位置,便称之为"位置几何学"。后来,有人注意到在这门几何学中,都可以像我们刚才那样,把研究对象当成是橡皮构成的,它要研究的就是这些"橡皮图形"在拉伸变形过程中(只要不改变各部分的粘连关系)有哪些性质保持不变。于是,就把这门新几何学形象地称为"橡皮几何学"。

欧拉在解决了"七桥问题"之后,又于 1750 年在研究凸多面体的分类中,得出了一个重要结果:$V - E + F = 2$,其中 V、E、F 分别表示凸多面体的顶点数、棱数和面数。这就是高中立体几何中著名的关于凸多面体的欧拉定理。它是"位置几何学"中第一个重要定理。有趣的是,这个定理常见的一种证明,正好可以借助橡皮进行。

19 世纪 40 年代以后,"位置几何学"又相继获得 些新的成果。比较有名的有"牟比乌斯带"和"四色问题"。

取一张长纸条,将一端扭转 180° 以后与另一端接起来,就做成了一条牟比乌斯带。它有一个奇异的特性,叫"单侧性",也就是说,它只有一面。如果有只小蚂蚁沿着图中的虚线爬行。那么,它就可以从牟比乌斯带的一面直接爬到另一面。

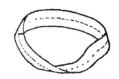

牟比乌斯带

为了体会这种奇异的单侧性,你不妨想象一下杂技中表演摩托车飞车走壁的情景。飞车走壁是在一个很大的木桶状场地表演的。演员驾着高速行驶的摩托车,从桶的底部贴着内壁盘旋而上,一直飞驶到桶的上沿,也把观众的心提到了嗓子眼。然而,再紧张的观众,也只是担心演员从内壁上掉下去,决不会担心飞车飞到桶的外壁上去了。但是,假如飞车的场地围成"牟比乌斯带"的样子,那么,飞车就会时而在"内"、时而在"外"——事实上,这个场地已经分不出"内""外"了。假如真有人能进行这样的飞车表演,那一定更令人惊心动魄!

"四色问题"也是一个很有趣的问题。它说的是:只需要 4 种颜色,就可以把地图上相邻的国家都涂成不同的颜色。但要证明它,却是一个超级数学难题,直到 1976 年,数学家在大型电子计算机上操作 1200 个机器时后,才完成了对它的证明。

瞧,"位置几何学"够引人入胜的吧?

1847 年,德国数学家利斯廷(1808—1882)在发表他的"位置几何学"著作时,考虑到当时正在复兴的射影几何学也叫位置几何学,就把自己所研究的这种几何学改称为"拓扑学"。这个新名称后来得到了数学界的公认。

现在,拓扑学已成为 20 世纪最丰富多彩的一门数学分支。

法兰西民族的骄傲

1766 年,欧拉在俄国女皇叶卡杰琳娜的诚恳敦聘下,决定重返彼得堡科学院工作,临行前,他辞去了柏林科学院物理数学所所长的职务。谁来继任呢?欧拉向国王弗里德里希二世推荐了一位数学家,并且强调说,全欧洲也只有这个人才能胜任。同时,颇有声望的法国数学家达朗贝尔(1717—1783),也向弗里德里希二世作了同样的推荐。于是,弗里德里希二世发出了邀请信,信中有这样一句话:"欧洲最伟大的国王希望欧洲最伟大的数学家在他的宫廷中。"

这位备受人们推崇的数学家,就是法国的拉格朗日(1736—1813)。

拉格朗日的祖父是法国人,祖母是意大利人,他出生于意大利的都灵。少年时代,拉格朗日并不喜欢数学,据说,他是读了一篇介绍牛顿微积分成就的短文后,才逐渐迷上了数学。拉格朗日非常崇拜阿基米德,渴望能像阿基米德那样广泛地运用数学知识去解决实际问题,得到更多的科学结论。

拉格朗日

1755 年,年仅 19 岁的拉格朗日当上了都灵皇家炮兵学校的数学教授。

就是在这一年里,他开始与欧拉通信探讨"等周问题"①,一起开辟了一门新的数学分支——变分法。这门新的数学分支的创立,为整个数学物理提供了一个非常重要的方法。

1762年,法国科学院悬赏征答一道数学难题。群雄逐鹿,强手云集,最后,才华出众的拉格朗日摘取了桂冠。拉格朗日的成功,鼓舞了法国科学院的院士们,他们接着又提出一个更为困难的问题悬赏征答,1766年,拉格朗日再次捷足先登,荣获了科学院颁发的奖金。在解答这些难题时,拉格朗日大量地应用了微分方程的理论。微分方程是一门建立在微积分基础上的重要数学分支,它的应用十分广泛,现代科学技术的许多领域,都是微分方程大显身手的地方。拉格朗日为它的创立作出过杰出的贡献。

1786年,弗里德里希二世去世,德国对科学家不再那么尊崇了。拉格朗日接受法国国王路易十六的邀请,离开他工作了20年的柏林科学院,来到巴黎定居。

不久,轰轰烈烈的法国资产阶级大革命,推翻了路易十六的统治。革命政府曾一度下令"逐客",将所有的外国人驱逐出境,但"逐客令"上却特别指出,拉格朗日是这项法令的例外。可以想象,拉格朗日在当时拥有多么高的声望。许多人曾为他与欧拉究竟哪个更伟大些而争执不休,拿破仑(1769—1821)评价说:"拉格朗日是数学方面高耸的金字塔。"

天才的军事家拿破仑当上法国皇帝后,大力扶助过法国的科学事业,数学家拉格朗日、拉普拉斯都曾受到他的资助。

拉普拉斯(1749—1827)是一个农民的儿子,16岁时进入开恩大学学习数学。完成学业后,拉普拉斯带着

拉普拉斯

① 平面上的等周问题是:所有周长一定的封闭曲线中,是否有一个围成的面积最大? 等周定理:在所有周长相等的封闭几何图形中,圆形的面积最大。虽然结论早已为人所知,首个严谨的数学证明直到19世纪才出现。

法兰西民族的骄傲

浪漫主义的情调来到首都巴黎,他带着几封名人的推荐信去求见大数学家达朗贝尔,不料被拒之门外。拉普拉斯没有灰心,回到住地,他给达朗贝尔寄去一篇力学方面的论文,这篇文章出色至极。这次,他很快就收到了达朗贝尔的复信,信中热情地说:"你用不着别人的介绍,你自己就是很好的推荐书。"

在达朗贝尔的帮助下,拉普拉斯很快成为巴黎军事学校的数学教授。1783年,拉普拉斯作为军事考试委员,主持过一次有拿破仑参加的考试,因此和拿破仑关系很熟。拿破仑发动政变上台后,曾任命他担任内政部长、议会议员和议会大臣,不过,拉普拉斯这个"平庸的执政官"很快就被免除了职务。

拉普拉斯是一个应用数学家,对纯粹数学不感兴趣,他关心用数学方法去研究科学问题。当他在科学研究中碰到数学问题时,他解决得非常马虎,并且仅仅说"容易看出……",从不耐心解释他是如何得到结果的。有个美国科学家在翻译了拉普拉斯的著作后,曾经叫苦说,只要一碰见"容易看出……"这句话,我就知道又得花几个小时的苦功夫来填补这个空白。拉普拉斯认为,数学是一种手段,是人们为解决科学问题而必须精通的一种工具。

拉普拉斯创造了许多新的数学方法,它们后来被发展成为新的数学分支。拉普拉斯最著名的著作是《天体力学》,它汲取前人的全部发现,阐述了天体运动的数学理论,是天文学发展史上的一座高峰。拿破仑在浏览了《天体力学》后,和拉普拉斯开了个玩笑,指责他说:"拉普拉斯先生,有人说你写了这部宇宙体系的巨著,却没有提到宇宙的创造者(指上帝)。"拉普拉斯毅然答道:"是的,我不需要这种假设!"

"我不需要这种假设!"拉普拉斯的回答,反映了一种新的数学观念的形成。在遥远的古代,人们认为上帝是万能的,是上帝用数学规律设计了宇宙,而科学家的工作就在于寻找上帝预先确定的规律。文艺复兴时代以后,随着地上科学技术的进步,人们重新描绘了"天上"的偶像:上帝变成了一个最好的数学家。这实际上否定了上帝主宰一切的观念,但不彻底,所以一种新的数学方法的发明，往往随之奏起一曲对上帝的颂歌。到了18世纪下半叶，方兴未艾的革命风暴荡涤着旧制度的污泥浊水，科学技术获得了巨大的进展，人类对掌握自己的命运充满了信心，益发清晰地认识了宗教是如何曲解自然现象本质的，开始彻底摆脱宗教观念对科学技术的束缚。这样，上帝的牌位也就逐渐被请出了数学的殿堂。

拉格朗日和拉普拉斯都是著名的数学家，他们名字的头一个字母也都是L，说来有趣，当时另一个著名的法国数学家勒让德(1752—1833)，名字开头的第一个字母也是L。

勒让德也是军事学校的数学教授，他的名字长存于大量的定理之中。他编写的《几何学基本原理》成为风靡欧美近一个世纪的几何学教科书。勒让德解决了许多类型的数学问题，对椭圆函数的研究作出过重要的贡献。

人们将这三位杰出的学者并称为法国数学界的"三L"。除了"三L"之外，当时的巴黎还拥有许多第一流的数学家：达朗贝尔，促进了微分方程理论的发展；傅立叶(1768—1830)，开创了一个巨大的数学分支——傅立叶级数；蒙日(1746—1818)，画法几何学的创始人……这群法兰西民族的骄子，用他们创造性的劳动，使法国数学研究在18世纪下半叶一直居于世界前列。

法国数学家们的工作，比较鲜明地体现了18世纪数学的特征。由于没有数学理论作为指导，为物理学见解所指引，所以他们的工作是直观的、粗糙的、不严密的。然而，人们不会忘记，正是他们，以大无畏的英雄气概，"刀耕火种"的方式，开垦了数量惊人的处女地，并辛勤耕耘，为19世纪数学的丰收奠定了基础。

达朗贝尔的一句名言，抒发了18世纪数学家的豪情。这句话是："向前进，你就会产生信念。"

145

英雄的失误

在现代的很多数学分支中，有成串的定义、公式、定理都联系着欧拉的名字。欧拉在一生中写出了那么多优秀的数学著作，编成全集可以出到 70 多卷，其中的每一个数学符号都仿佛在闪烁智慧的光芒。

你可曾想过，像欧拉这样伟大的数学家，在数学问题上也犯过十分荒谬的错误吗？

其实，再伟大的数学家，也不是超凡脱俗的神仙，他们之所以有超群的成就，是因为他们付出了比一般人更为艰苦的劳动，甚至犯过比一般人更多的错误。也许，正由于他们有辉煌的成就，因而他们的错误也格外引人注目。

欧拉在无穷级数问题上犯的错误，就是一个典型的例子。

下面的式子就是一个无穷级数：

$$1 - 1 + 1 - 1 + 1 - \cdots \qquad ①$$

它是由无穷多项 +1 与 -1 交错相加而得到的。

可以求出这个式子的和吗？

欧拉说，可以。他采取一种将函数展开成级数的方法，推导出①式的和是 1/2。

这个结果对不对呢？

在他得到这个结果的前后，有好几位数学家也得出了同样的结果。意大利比萨大学的教授格兰迪（1671—1742）曾经用类似的推导方法得到这个结果。另一位数学家雅科布·伯努利则是用另一种方法得到这个结果的：

把①式的和记成 S。如果把①式改写成

$$1 - (1 - 1 + 1 - 1 + \cdots) \qquad\qquad ②$$

那么就得到

$$S = 1 - S,$$

从而

$$S = 1/2。$$

容易看出，雅科布·伯努利在推导这个结果时，仅仅只是在把①式改写成②式时运用了加法结合律。这似乎应该是不成问题的，可是偏偏问题来了。如果我们同样运用加法结合律，不过把①式中的项按另外的方式结合，比如，把①式改写成

$$(1 - 1) + (1 - 1) + \cdots \qquad\qquad ③$$

那么它的和应该是 0。但如果把①式改写成

$$1 - (1 - 1) - (1 - 1) - \cdots \qquad\qquad ④$$

那么它的和又似乎应该是 1 了。

同一个无穷级数，同样是运用加法结合律，竟求出了 3 个不同的和！究竟哪一个结果正确呢？

格兰迪说，由于级数①在形式③下的和是 0，而他求出①式的和是 1/2，因此，他就证明了，世界能够从空无一物中创造出来。这就似乎为上帝的存在找到了证据。多么荒谬的结论！

事情还没有完呢！有趣的是，另一位数学家卡莱（1744—1799）也是采取将函数展开成级数的方法，却推导出①式的和是 m/n，其中 $m < n$，且 m、n 可以是任意选取的自然数。也就是说，①式的和可以是任意的真分数，有无穷多个结果。

这可把人越搞越糊涂了——不同的结果都来自类似的推导方法。要么这些推导方法是正确的，那么我们就得接受这些混乱的结果；要么这些结果不可能都对，那么推导的方法就有问题，从而由这些方法推出的结果就没一

个正确,欧拉也不例外。

结论当然是,这些数学家都出了错。

原因就在于,他们所处理的"求和"问题,是由无穷多项组成的级数,而不是我们通常所遇到的由有限项组成的和式。对于有限的和式适用的概念和方法(比如加法结合律),对于无穷级数未必就是普遍适用的。研究新的数学对象,需要发展新的概念、新的方法。事实上,无穷级数并不都是可以求和的。例如①式,它的前偶数项的和为0,前奇数项的和为1,而无穷多项相加就不能求和。哪一类无穷级数可以求和,哪一类无穷级数不能求和,正是研究无穷级数所首先要解决的问题。

可是,在欧拉那个时代,这个问题还没有得到解决,在欧拉的思想中就存在很大的混乱。他不仅得出①式的和是1/2这样的错误结果,还犯过更荒谬的错误呢!

还是采取将函数展开成级数的方法,欧拉又推导出

$$\infty = 1 + 2 + 3 + 4 + 5 + \cdots \qquad ⑤$$
$$-1 = 1 + 2 + 4 + 8 + 10 + \cdots \qquad ⑥$$

从⑥式看,无穷多项正数的和竟是一个负数,这已经是够荒谬的了;再比较一下⑤式和⑥式的右边,都有无穷多项,而从第三项起,⑥式的每一项都大于⑤式的对应项,于是,就得出一个不可思议的结论:-1比∞(无穷大)还要大!

为什么会产生这些错误呢?

这必须从18世纪数学的状况说起。

18世纪在数学史上是一个发明的世纪。在时代精神的感召下,数学家们对研究物理学和工程技术问题,抱有与研究数学同样的热情,并且从中源源不断地获得数学灵感。于是,很多新的分支——无穷级数、微分方程、微分几何、变分法等等,在数学家手里建立起来了,微积分迅速拓展为一个广阔领域——分析学。数学家们像一支满怀着胜利信念的大军,致力于开拓分析学的疆界,攻关夺隘,呼啸向前,既没有急于搭建凯旋门,也不屑于清理

和巩固后方基地。他们慑服于分析学的威力,以致一看到公式,就情不自禁地要将它们推广。可是,就在新的研究成果如喷泉般涌出的同时,分析学的一些最基本的概念如无穷小量等,从微积分诞生之日起,就一直没有搞得很清楚,与无穷级数求和密不可分的收敛性问题等,还几乎无人问津。简而言之,微积分还没有建立起严密的基础。在这种情况下,数学家们的工作,既有辉煌的创造,又有荒唐的失误,也就不奇怪了。

基本概念上的混乱状况,为唯心主义者提供了攻击微积分的借口。1734年,英国大主教贝克莱(1685—1753)向微积分发动了一次猛烈的攻击。他抓住微积分缺乏严密性这件事,嘲讽微积分还不如宗教信条构思清楚、推理明显。①

贝克莱把微积分与宗教相提并论,目的是企图调和科学与宗教的矛盾,这种立场是反科学的。但是,不能不承认,他对微积分的批评,也并非是无中生有、信口雌黄。数学家们对微积分缺乏严密性这种状况也是不满意的。法国数学家罗尔(1652—1719)——微积分中有一个重要定理就是以他的名字命名的——曾经幽默地说,微积分是巧妙的谬论的汇集。

但是,有哪一种理论从一诞生出来就完美无缺呢? 理论需要通过实践开辟发展的道路,需要在实践中逐步成熟和完善,这不是科学发展的一般规律吗?

正是欧拉本人,曾经坚定地说,在微积分的基本概念中并没有隐藏人们通常想象的那么大的神秘性。他,以及其他数学家,如拉格朗日、达朗贝尔,都为重建微积分基础进行了探索。

1784年,柏林科学院悬赏征求"对数学中称之为无穷的概念建立严格的明确的理论"。数学界在不安的躁动中期待着新的世纪。

---

① 1734年,英国大主教贝克莱发表《致一位不信神的数学家》,嘲讽无穷小量是"已死量的幽灵","依靠双重错误得到了不科学却正确的结果"。贝克莱是反科学的,但他指出"无穷小量是0非0"是一个矛盾,引发了第二次数学危机。

勤奋的高斯

在 18 世纪里,数学家们创立了许多新的数学分支,每一门分支都是一项重要的创新,都足以使古希腊人的巨大创造——欧几里得几何学相形见绌。然而,数学家们没有意识到,当他们忙于用微积分去开拓数学王国的疆域时,由于无暇顾及所依据的理论是否可靠,基础是否巩固,业已出现谬误愈来愈多的混乱局面。与此相反,在 18 世纪末期,部分数学家中反而蔓延着一种悲观情绪,认为数学就像一口被挖掘得很深的矿井,若找不到新的矿脉,迟早得要放弃了,数学思想也快要山穷水尽了。

19 世纪的帷幕刚刚拉开,人们的忧虑便烟消云散了。伟大的数学家高斯(1777—1855),用他深刻的洞察力和卓越的发现,为数学描绘了一幅极其灿烂的前景,预告了一个更加伟大的数学高潮的到来。

高　斯

高斯是近代数学的重要奠基者,一个罕见的数学奇才,被誉为光荣的"数学王子"。他异常敏捷的数学思维能力和辉煌的数学成就,给后世留下了许多近乎神话的传说。

高斯 9 岁的时候,在一所小学里念书。有一天,数学老师布特纳给学生们出了这样一道习题:把 1 到 100 这 100 个自然数都加起来,和是多少?

如果逐项相加,那得花很长的时间。不料,老师刚解释完题目,小高斯就把写着答案的小石板举了起来。布特纳老师想,这个全班年龄最小的孩子准是瞎写了些什么,要不就是准备交白卷。可他接过小石板一看,不觉大吃一惊。小石板上工工整整地写着:5050。

"等差数列里与中项等距离的项的和相等",高斯巧妙地利用这一性质,极其迅速地获得了答案。有经验的布特纳立即意识到这是一件不寻常的事,在此之前,他可从未教过学生计算等差数列。据说,老师买了一本最好的算术书送给高斯,甚至对人说他已没有什么东西可教给高斯了。

高斯继续留在学校里学习。谁又曾想到,这么个出类拔萃的学生,还险些没有上学的机会呢!

高斯的祖父是农民,父亲是个泥瓦匠,由于生活贫困,根本就没打算送高斯去上学。有一天,高斯的父亲计算工薪账目,算了老半天才算完,不料坐在一旁玩的小高斯却说:"爸爸,您算错了,应该是……"核对一遍,竟是小高斯说得对。高斯的父亲又惊又喜,这才决定等高斯7岁时送他上学。

高斯非常勤奋,读书都入了迷。有一次,他边走路边看书,结果误入了一个公爵的花园。公爵夫人在盘问高斯时,发现这个小孩竟能弄懂书中那么深奥的道理,感到不可思议,赶紧告诉了公爵。公爵亲自考查了高斯,也很惊奇,认为是个难得的人才,决定资助他上大学深造。

1795年,18岁的高斯进入了著名的格丁根大学。入学不到1年,他就用惊人的创造轰动了整个欧洲数学界。他用尺规作图的方法,作出了一个正17边形,解决了这个由古希腊人提出、但延续2000多年未能解决的数学难题。高斯本人对能得到这个结果也非常满意,用他的话说,他是在作出了正17边形之后,才决心致力于数学研究的。

不久,高斯又给出一个判别方法,指出什么样的正多边形可由尺规作图法作出,什么样的正多边形则不能。比如,用尺规作图法可以作出正257边形、正65537边形,却不能作出正7边形、正11边形。在数学史上,这是最早的关于数学问题解的不可能性的证明,因而具有重要的意义。

一个方程究竟有多少个根呢?这也是长期折磨数学家的一个问题。

1799 年,高斯证明了著名的代数基本定理,圆满地作出了回答。高斯没有逐个地解方程,但却证明了一元 n 次方程有也只可能有 n 个根,他采用的方法,开创了探讨数学中存在性问题的新途径。

有些人喜欢把高斯说成是"神童""天才",可高斯自己不这么看。他强调说:"假如别人和我一样深刻和持续地思考数学真理,他们会作出同样的发现的。"勤奋地学习,勤奋地探索,勤奋地工作,这就是高斯成功的秘诀。由于高斯能不断地勤奋探索,所以能不断地作出发明。

高斯曾经英明地预见到,用代数方法解一般 5 次以上的高次方程是不可能的。他的思想给阿贝尔和伽罗瓦以有益的启迪,后来,这两个年轻数学家经过深入探索,不仅证实了高斯的猜想,还揭开了代数学上完全崭新的一页。

在高斯之前,人们就认识了虚数,例如方程 $x^2 + 1 = 0$ 的两个根 $\sqrt{-1}$、$-\sqrt{-1}$ 就是虚数。虚数是由于数学内部的需要产生的,但因为一时无法在客观世界中找到合理的解释,人们总觉得它是虚无缥缈的,于是给它起了个怪诞的名字"虚数"。莱布尼茨甚至说:"虚数是美妙而奇异的神灵的隐蔽所,它几乎是既存在又不存在的两栖物。"高斯提出了复数表达式 $a + bi$,创立了复数的图解法,建立了平面上的点与复数之间的对应关系,使得虚数不"虚",促进了复数理论的发展。

高斯兴趣广泛,他不知疲倦地探索了数学的各个领域,并几乎在每个领域内都有所建树。例如微分几何学,就是由高斯确定其发展的基本方向的。然而,高斯最喜爱的学科是数论,他称数论是"数学之王"。他的重要著作《算术探究》"揭开了数论研究的一个新纪元",也是历史上最有代表性的数学著作之一。

高斯对天文学和大地测量学也很有研究。1801 年初,他根据很少的几个观测数据,算出了人类发现的第一颗小行星"谷神星"的运行轨道,并创立了行星椭圆轨道法,从而荣获了"格丁根巨人"的美称。后来,高斯担任了格丁根大学天文台台长和数学教授。在他的努力下,格丁根大学渐渐成了世界闻名的数学研究中心。

高斯的成就越来越大,名气也越来越大,而他对自己的要求也越来越严。每一个新的数学结论,高斯总是等到认为是完美无瑕时才奉献给社会。他信奉的格言是:"宁肯少些,但要好些。"所以,他的许多宝贵思想,当他在世时一直鲜为人知。

远在 1816 年,高斯就已知道欧几里得的"第五公设"是不能够证明的,更进一步,他得到了一种新的几何——非欧几何学的基本原理。这门新的数学分支,是对几千年传统几何学说的彻底背叛。高斯没有发表他的理论。若干年后,数学家鲍耶和罗巴切夫斯基各自独立地获得了非欧几何的基本原理,立即在几何王国里掀起了一场翻天覆地的革命。

因此,有些数学家认为,高斯在晚年时太拘谨了,如果他能早些公开他的真知灼见,人们也许会更快地迈入新的领域。

1855 年 2 月 23 日,高斯逝世于德国的格丁根。人们为他建造了一座以正 17 棱柱为底座的纪念碑,以纪念他早年杰出的数学发现,纪念这位近代数学的重要奠基人。

在法国大革命中

　　18 世纪末期世界历史上最伟大的事件，就是法国大革命。1789 年 7 月 14 日，成千上万愤怒的巴黎市民，攻占了法国封建专制制度的堡垒——巴士底监狱，揭开了法国大革命的帷幕。

　　列宁（1870—1924）说过，这次革命"给资产阶级做了很多事情，以至整个 19 世纪，即给予全人类以文明和文化的世纪，都是在法国革命的标志下度过的"。

　　革命，不是在一天早上就突然发生的，它有一个酝酿和准备的过程。包括数学在内的科学知识和科学精神的传播，就是一项重要的思想准备和舆论准备。在这方面，法国"百科全书派"锲而不舍推动的思想启蒙运动，起了不可磨灭的重要历史作用。

　　"百科全书派"是以法国伟大的思想启蒙家狄德罗（1713—1784）为首的一个派别。他们以坚韧的毅力和渊博的学识，花了 20 多年的时间，编纂和出版了多达 35 卷的《百科全书》，热情地向人民传播科学知识和反对封建制度与宗教神学的进步思想。著名数学家达朗贝尔是这个派别的主要成员之一，曾担任《百科全书》的副主编，负责编纂了其中的数学部分，并写了全书的序言。

　　达朗贝尔有过苦难的经历。他刚刚来到人世，连姓名都没有，就成了一个弃儿。人们在圣·让·勒隆教堂门口的台阶上发现了他，于是警察局的官员给他取了勒隆这个名字。达朗贝尔这个姓是他成年以后自己取的,用来纪念培养了他的阿朗贝尔。

达朗贝尔在 18 世纪数学的很多领域都作出了重要贡献。在当时探索微积分严密化的努力中,他是少数几个路子对头的数学家之一。他提出极限理论是微积分的基础,在编纂《百科全书》时,给极限下了一个近似正确的定义。

《百科全书》产生了非常大的革命影响,教育人民从宗教神学的精神桎梏下解放出来。当时有一位首席检察官说:"哲学家们改变舆论,从而动摇了王位,推翻了神坛。"

1793 年,法国大革命进入高潮,革命与反革命的生死搏斗更加剧烈。1 月15 日晚上,成群结队的巴黎市民拥向议会大厅。在那里,国民大会的700 多名议员,将唱名表决被废黜的国王路易十六的命运。闹哄哄的大厅里,两大政治势力泾渭分明。坐在大厅右边的,是执政的吉伦特派,他们害怕人民的力量在革命中进一步壮大,主张对国王宽容;坐在左边的雅各宾派,要求彻底清算国王叛国和反对革命的罪行。左派和右派尖锐对垒。经过两天三夜的表决,人民的意志终于取得了胜利:在 1 月 21 日的倾盆大雨之中,路易十六被推上了巴黎革命广场中央的断头台。

在坚决要求处决路易十六的雅各宾派议员中,有一个 40 岁的军事工程师和数学家,叫拉扎尔·尼古拉·卡诺(1753—1823)。革命造就了他特别的才干,在他身上兼有学者的睿智和战士的胆略。作为一名战士,他在革命政府中担任了陆军部长,当国内外反动派勾结起来企图用武力颠覆革命政权的时候,他在很短的时间内便组织起一支有 14 个军的革命军队,战胜了外国的武装干涉。人民热情地赞誉他是"革命的将军""胜利的组织者"。作为一位数学家,他是巴黎科学院的成员,与另一位数学家蒙日一起倡导了几何学在 19 世纪的复兴,成为法国几何学派的先驱者之一。

法国几何学派的伟大倡导者和领导者蒙日,也是法国大革命的一位风云人物。

蒙 日

　　蒙日(1746—1818)是一个小商贩的儿子。在大革命以前,法国社会中贵族与平民之间等级森严,地位悬殊。当蒙日在军事工程学校求学时,仅仅因为他不是贵族出身,就只能被派到训练石工领班的班上学习。他完全依靠自己的勤奋和出类拔萃的才华,在23岁时担任了军事学校的教授。在军事工程的实践和理论研究的基础上,他创立了新的数学分支——画法几何学。这是一门应用数学分支,是工程制图的理论基础。

　　蒙日的研究范围相当广泛,不仅对数学,而且对物理学、化学、冶金学、机械学,都有重要贡献。革命以前,他就已经是巴黎科学界深孚众望的知名学者了。在他43岁的时候,法国大革命爆发了,他热情地欢迎和支持革命,后来被政府任命为海军部长和公众健康委员会委员。

　　革命需要科学,革命也为科学的发展铺设了广阔的道路。

　　法国大革命对科学事业的巨大贡献,在于它比较彻底地扫荡了封建等级制度,强有力地推进了科学教育的发展,为更多的科学人才从社会的各个阶层脱颖而出创造了一定的社会条件。

　　1794年,国民公会决定建立巴黎多科工艺学校,从社会各阶层中招收优秀学生。这所学校的第一批数学教授中,就有蒙日、拉格朗日、拉普拉斯。蒙日是一位伟大的教师,他的讲演生气勃勃,内容丰富,具有极大的感染力。在当时数学研究中,盛行分析的方法,几何学使用的综合方法受到冷落,蒙日倡导用一种把几何与分析相统一的双重观点研究数学,从而唤起了几何学新的生机。他的不少学生都继承了老师的这种思想,形成了一个独树一帜的几何学派,其中有一个学生,就是后来为射影几何学的复兴作出了伟大贡献的庞斯莱。

　　巴黎多科工艺学校是一个人才荟萃的地方。第一流的教师,培养出第一流的学生。这所学校优秀的学术传统由它的学生们发扬光大,使大革命以后的法国成为19世纪上半叶数学发展的一个中心。

铁窗下的黄金岁月

1813 年。俄罗斯 4 月的阳光射进伏尔加河畔萨拉托夫监狱的铁窗,给阴暗寒冷的牢房送来了一丝温暖。在一间牢房里,一个衣衫褴褛的囚犯,抬头望了一眼窗外晴朗的蓝天,浓眉下闪过两点亮光。他站起身来,一边用力地舒展双臂,一边沿着牢房的对角线走了两个来回,然后重新蹲下,拾起一根烧过的木炭,继续全神贯注地在墙上完成他的图画——从一点发出的一束射线,穿透一个平面,又射到第二个平面上……

这是一个多么奇怪的囚犯啊!在失去自由的阴暗牢房里,当命运掌握于别人之手时,他竟这样沉醉于美的创作,似乎完全忘记了自己的厄运。

庞斯莱

他是一位现代抽象派画家的先驱者吗?也许,墙上的这幅图画,正是他对阳光射进铁窗这一景象的即兴创作?

他不是画家,而是一位数学家,是一位年轻的法国数学家,叫庞斯莱。

庞斯莱(1788—1867)是巴黎多科工艺学校的毕业生,根据拿破仑的强迫征兵制,被编入进军俄国的远征军担任工兵军官。1812 年冬天降临的时候,这支 60 万人马的远征军在莫斯科遭到惨败,无数法国士兵的尸体和冻馁无力的伤员,被丢弃在冰雪严寒的俄罗斯大地上,只剩 2 万余人仓皇逃出俄国国境。俄国士兵搜索战场的时候,在死尸堆里发现了一名奄奄一息的法国军官。就这样,24 岁的庞斯莱成了俄国人的俘虏。

作为一名法国军人,庞斯莱是拿破仑政策的牺牲品;作为一名数学家,他可决不甘心因为沦为战俘而就此葬送自己心爱的科学事业。当他在大风雪中步履艰难地经过 4 个月的长途跋涉,被押解到萨拉托夫监狱以后,他就在牢房的石墙上重新开始了数学研究。

在远离故土的监狱里,庞斯莱一无所有。他完全依靠自己的记忆力,重温从老师蒙日和卡诺那里学到的数学知识,在石墙上进行大量的数学演算。他仿佛重新回到了巴黎多科工艺学校,置身于生气勃勃、富于进取精神的同学们中间,耳边又响起了蒙日教授充满激情的演讲。

数学思维一经启动,创造的激情便不可遏止地奔泻而出,庞斯莱开始在牢房里着手新的数学创造。他设法弄到了一些纸张,于是,他可以把自己的研究心得记录下来了。无论是在面壁苦思的日子里,还是俯首床头奋笔疾书的时候,庞斯莱全身心地感受到创造的欢乐和美的享受,完全忘记了饥饿和寒冷,忘记了自己是一个身陷异国监狱的囚徒。监狱里的看守和其他的囚犯,都认为他是一个举止怪异的"痴人"。他们无论如何也想象不到,这个被监狱生活折磨得瘦骨嶙峋的法国青年,正在墙壁和纸张上,为一门被冷落了的数学分支注入新的血液,开拓新的天地。

古希腊时期以来,研究几何学的传统方法一直是综合法。这种方法是我们在初中学习平面几何时就熟知的,从已知条件出发,根据公理和已经得到证明的定理,推证新的几何命题。因此,传统的几何学也称综合几何学。欧几里得的《几何原本》是综合几何学发展的一个高峰;在文艺复兴时期,那些天才的艺术家们为了在画布上忠实地再现大自然,对透视法进行了深入的研究,又给综合几何学注入了新的灵感。

我们欣赏一幅成功的静物素描作品,感到它表现了丰富的层次和真实的立体感,简直和实际景物一模一样,其实,如果细致地剖析,就会发现实物在画中发生了很大的变形,比如,实物是一个矩形,在画中却可能变成了一个平行四边形,或者是一个梯形。这是由于画家在绘画时运用了透视法的缘故。

所谓透视法,就是把人眼当作一个点,由此出发来观察实际的景物,人眼投射到实景上各点的视线束形成一个投射锥,而画面实际上就是用一个平面与这个投射锥相截所得到的截影。比如,实景是一个水平放置的矩形 $ABCD$,画面上得到的截影便是四边形 $A'B'C'D'$(如下图)。从直观上看,截影四边形 $A'B'C'D'$ 与原矩形 $ABCD$ 既不全等也不相似,但在视觉印象上,它们却是一样的。

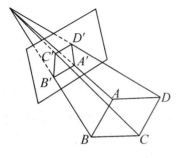

既不全等也不相似

因此,人们很自然地要问:截影和原矩形有什么共同的几何性质?换句话说,原矩形在投射和截影下有哪些几何性质保持不变?

这类由艺术家们提出的课题,引起了一些数学家的兴趣。17 世纪 30—40 年代,两位法国数学家笛沙格(1591—1661)和帕斯卡,在这类课题的研究中获得了一系列新的方法和结果。他们把这些成果看作是欧几里得几何的一部分,实际上却是一门新分支的开端。这门新的数学分支,就是射影几何学。

但是,射影几何学在 17 世纪只经历了一个活跃而短暂的研究时期,就被解析几何和微积分的兴起所淹没。18 世纪以来,在几何学的研究中,代数的和数学分析的方法几乎排斥了综合的方法,一向被人们看作美与和谐象征的综合几何学,正在逐渐失去昔日的风采和魅力。直到 18 世纪末期,才有蒙日重新强调综合方法的重要性,卡诺则迈出了复兴射影几何学的第一步。

作为法国几何学派的继承人,庞斯莱在萨拉托夫监狱里所做的研究工作,就是要创造出与解析几何的威力相匹敌的新的综合方法。

1814 年 6 月,庞斯莱结束将近 1 年半的囚徒生活,带着 7 本笔记本走出了萨拉托夫监狱。回到祖国之后,他担任过母校的数学教授,后来在政府中担任公职。庞斯莱对自己在狱中的研究成果作了更细致的修订和补充,在1822 年出版了《论图形的射影性质》,又在 1862—1864 年,以《分析学与几何学的应用》为题,分两卷出版了自己的狱中笔记。

庞斯莱第一个明确地认识到射影几何学是一门具有独特方法和目标的新的数学分支。射影几何学研究的是几何图形在投射和截影下保持不变的性质,庞斯莱的著作为这门新的数学分支奠定了理论基础。

在他之后,射影几何学的研究在 19 世纪形成了一股热潮,很多著名数学家都被吸引到这股热潮中来。随着研究的深入,进一步揭示出射影几何在逻辑上是比欧几里得几何(以及非欧几何)更基本的几何学,前者包容着后者,后者可以看作是前者的特例。

监狱,对于不幸沦为囚犯的人们来说,可能是堕落的深渊,也可能是新生的起点,而对于数学家庞斯莱,监狱生活却是他科学生涯的一段黄金岁月。苦难成就了他的事业,他终于实现了自己的老师蒙日和卡诺的夙愿,使综合几何学重新焕发出迷人的光彩。

挥动"亚历山大之剑"

　　19 世纪上半叶几何学研究最富革命性的成果,是非欧几何学的诞生。它曾经像一个怪胎,在人类智慧的母体中孕育了 2000 多年,一旦问世,就如同神话中的哪吒从肉球中蹦出来那样,奇光异彩,令人惊讶和目眩。

　　这个"怪胎",竟根源于我们大家都很熟悉的一个几何命题——

　　过已知直线外的一点,可以作而且只能作一条直线与这条直线相平行。

　　这个命题,就是《几何原本》中的第五公设,也称为欧几里得平行公理。

　　《几何原本》一向是几何教科书的蓝本。人们都是从这里入门,去建立关于周围世界的空间概念的。因此,我们在中学所学的几何学,就叫作"欧氏几何学"。它严谨的逻辑结构很难叫人不信服,它对空间形式的描述,与我们的日常经验也是吻合的。我们不是在上小学的时候,就知道了矩形的 4 个顶角都是直角,黑板的上、下两条边沿线是平行线吗?有谁敢设想,现实空间竟然不是欧几里得式的呢?

　　正是由于这些原因,造成了一种根深蒂固的传统观念:《几何原本》是几何学神圣而不可逾越的顶峰。

　　如果在科学上真有不可逾越的顶峰,如果人类可以在某一天穷尽对真理的认识,那么,人类的智慧不是就会在这一天凝固起来吗?还会有什么人类的进步、科学的发展呢?

　　以探求真理为己任的数学家们是很"挑剔"的,他们并不认为《几何原

161

本》完美无缺。最不让人满意的,就是它的第五公设。怎样断定两条直线平行呢?这就必须把它们向两侧无限延长,断定它们在无限延长的每一处都不相交。对于这种情况,人的有限的经验显然是无法作出判断的。把这个超出人的经验范围的第五公设,作为显而易见、不证自明的公理,缺乏充分的说服力。于是,数学家们试图从其他公理中把它推导出来,如果办到这一点,第五公设就将成为一个定理,它的正确性也就无可怀疑了。

这种尝试在古希腊时期就开始了。2000 年来,曾经有很多人宣称自己"证明"了第五公设,可是,经过仔细检查,发现每一种"证明"都无非是在第五公设的等价命题中兜圈子(如果两个命题互为前提,就称它们是等价的)。到 18 世纪末期,数学家们提出了不下 30 个与第五公设等价的命题,"三角形内角和等于 180°"也是其中之一,但是第五公设并没有得到证明。

直接证明第五公设行不通,可不可以用反证法来证明它呢? 如果采用与第五公设相反的断言会推导出矛盾,那么第五公设不就得到证明了吗?

意大利数学家萨凯里(1667—1733)尝试用反证法来证明它。对他设定的"萨凯里四边形"①,萨凯里作了一个与第五公设相悖的"锐角假设",推导出一些逻辑上并无矛盾但在欧氏几何中却是不可思议的结果。萨凯里明明已经站在一门新几何学的大门口,窥探到一片新几何学天地的新奇景象,但他却望而生畏了。他不是对自己的数学方法产生了怀疑,而是困顿于欧氏几何的神圣传统,不敢相信自己所得到的与传统观念相悖的新发现,便沮丧地宣称:"由于与直线的自然特性相矛盾,锐角假设是错误的。"1733 年,萨凯里出版了自己的研究结果,几个月之后就逝世了。颇具讽刺意味的是,他给自己的书取名叫《欧几里得无懈可击》。

"数学王子"高斯很早就正确地认识到,第五公设是不可能证明的,否定

---

① 萨凯里四边形:四边形 $ABCD$,其中两内角 $A = B$ 为直角,两对边 $AD = BC$。萨凯里考虑四边形 $ABCD$ 不同于第五公设的两种可能:如另两内角 C 和 D 是钝角的"钝角假设",C 和 D 是锐角的"锐角假设"。实际上,"锐角假设"可导出罗氏几何,"钝角假设"可导出黎曼几何。

第五公设将导出一门新的几何学。可是，他小心翼翼地隐藏了自己的观点，除了在与朋友的信中透露一点信息之外，在生前对这门新几何学连一个字也没有公开发表。

西方有一个古老的传说：在果尔迪亚有一辆战车，上面绑着一团杂乱如麻的绳结。谁能解开这个绳结，谁将成为小亚细亚的统治者。许许多多的人都尝试过了，都无可奈何。后来，马其顿的亚历山大毅然挥剑，斩断了这个无法解开的绳结。

第五公设就像这个"果尔迪亚绳结"。2000多年间，人们都只是想着如何去解开它，正面找不出头绪，就从反面去找。高斯找到了斩断这个"绳结"的"亚历山大之剑"，却没有在世人面前把它举起。

第一个朝着第五公设挥动"亚历山大之剑"的勇士，是伟大的俄国数学家罗巴切夫斯基(1793—1856)。

1826年2月23日，在俄国喀山大学数学物理系的会议上，年轻的系主任罗巴切夫斯基宣读了他的论文《平行线理论和几何学原理概论及证明》，昭示一门新的几何学诞生了。

罗巴切夫斯基

这门新的几何学与欧氏几何学的主要不同之处，就是它否定了欧几里得平行公理的"唯一性"，代之以一条新的平行公理：

经过已知直线外的一点，至少有两条直线与已知直线不相交。

由此，凡是欧氏几何学中与平行公理有关的定理，就都变得面目全非了。比如，在新的几何学中，三角形的内角和小于180°，并且不同的三角形有不同的内角和；不存在矩形，也不存在相似三角形，等等。

当这些与人们的常识相悖的、闻所未闻的新结论展示在世人面前的时候，会引起什么反响，是可想而知的。罗巴切夫斯基简直就像是在数学界触发了一场地震。

不管人们震惊也罢，不安也罢，一门新的几何学毕竟问世了。它是一种非欧几何学，因为是由罗巴切夫斯基最先提出来的，所以又称为罗氏几何

163

学。使数学家们困惑了 2000 多年的第五公设问题，就这样被罗巴切夫斯基挥剑斩断了。

几乎和罗巴切夫斯基同时，另一位年轻的匈牙利数学家鲍耶（1802—1860）也挥起了"亚历山大之剑"。

鲍耶的父亲为证明第五公设耗尽了自己的数学才华。他培养儿子热爱数学，可是，当他得知儿子也醉心于研究第五公设时，简直吓坏了。老鲍耶害怕儿子重蹈自己的覆辙，心境悲凉地劝阻儿子说："这是一个毫无希望的黑夜，它能使上千座牛顿那样的灯塔沉没，任何时候都不可能使大地见到光明。"

鲍耶

父亲的劝阻，没有能够使鲍耶知难而退。如果说在过去漫长的世纪里，第五公设像黑夜一样吞没过上千座"牛顿之塔"，那么，为什么就不能由新世纪的青年人点燃划破黑暗的火炬呢？鲍耶没有像父亲那样，掉进证明第五公设的泥塘而不知自拔。他很快发现证明第五公设是不可能的，于是毅然转向摒弃欧几里得平行公理，去创立新的平行线理论。

鲍耶是一个从军事工程学院毕业的军官，只能利用业余时间研究数学。1825 年，年仅 23 岁的鲍耶基本上完成了他的非欧几何学，但直到 1831 年，经过鲍耶再三请求，老鲍耶才同意把儿子的创作作为一个附录，与自己的著作一起出版。鲍耶勇敢地宣称，这个附录是"绝对真实的空间科学"。

老鲍耶写了一封信连同"附录"的清样寄给了高斯。1832 年 3 月，高斯给老鲍耶回信说，他被鲍耶写的"附录"吓坏了，因为称赞鲍耶就等于称赞他自己。高斯的这种暧昧态度给了鲍耶兜头一盆冷水。他的性格变得十分孤僻，加上接连遭遇疾病和车祸，健康受到了严重损害。他几次请求当局允许他摆脱军队的繁忙事务，以便集中精力研究数学，都遭到了严词拒绝，使得他心灰意冷。这位年轻的数学天才，没有沉没在第五公设的"黑夜"里（如他父亲所曾担心的那样），却沉没在社会的黑暗当中。

鲍耶在数学上沉默以后,罗巴切夫斯基仍然在顽强地为争取新几何学的合法地位而孤军奋战。数学家们不理解他,对新几何学表示冷漠,有的人还嘲讽他的新几何学是"对有学问的数学家的讽刺",有人甚至发表匿名文章,对他进行恶毒、下流的谩骂和攻击。这一切都没有能动摇罗巴切夫斯基对真理的坚定信念,在他已经变成一个瞎眼老人的时候,仍然继续热情地宣传新几何学理论。

黎 曼

"青山遮不住,毕竟东流去。"罗巴切夫斯基和鲍耶把一种革命的思想带进了几何学领域,突破了人类关于空间概念的传统框架,必然要像原子核的裂变一样,引起一连串的连锁反应。就在数学界还不能普遍接受罗氏几何的时候,德国数学家黎曼(1826—1866)于1854年建立了更广泛的一类非欧几何——黎曼几何。在黎曼几何里干脆就否定了平行线的存在性,规定:

在同一平面内任何两条直线都有唯一的交点。

由此,又得出另一条重要结论:三角形的内角和大于180°。

随着研究工作的深入,19世纪下半叶以后,数学家们相继设计出许多几何模型,对非欧几何作出了合理的数学解释。

20世纪最伟大的科学家爱因斯坦,突破牛顿经典物理学的框架,提出了狭义相对论和广义相对论学说,在物理学领域发动了一场影响深远的革命。爱因斯坦在提出相对论时,就应用了黎曼几何这个数学工具,从而使数学和物理学领域的两场革命胜利会师。

根据相对论学说,现实的空间并不是均匀分布的,而是发生弯曲。也就是说,现实空间实际上是非欧几里得式的,甚至比目前已知的非欧几何还要复杂。不过,在我们周围这个不大不小、不近不远的空间里,欧氏几何已经是足够精确的了,因此它仍然是适用的。

人类对于客观世界真理性的认识,哪里会有个完啊!

重建微积分基础

在罗巴切夫斯基等人创立非欧几何学的同时,以法国和德国的一批数学家为主要代表,发动了一场对微积分的"批判运动"。他们的目的,是要澄清微积分中一些依然混乱和模糊不清的基本概念,重建微积分的严密基础。

到这个时候,微积分的发展已经跨越了 3 个世纪。17—18 世纪的数学家,在开拓微积分的疆域上成就显赫,却也给 19 世纪留下了不少麻烦。该有人来整理后方基地和打扫战场了。在某种意义上,做这样的工作,比开拓新疆域更需要坚韧的毅力、严谨的理性思维和科学的批判精神。

在这场持续半个多世纪的"批判运动"中,微积分的基本概念几乎逐一地接受着数学家们冷峻、严格的重新审查。

函数是微积分研究的基本对象。早在 17 世纪上半叶,伽利略就在力学研究中引进了函数概念。在微积分应用于物理学领域的过程中,数学家们对这个概念的认识是在深化的。但是,直到 19 世纪初期,最普遍的观点还是认为函数一定要能够用解析式表达,至少也要能在坐标系里用图形表示。这种认识,既不能揭示函数概念的本质,又大大限制了微积分研究的范围。

德国数学家狄利克雷(1805—1859)在 1829 年构造了一个函数:

$$f(x) = \begin{cases} 1, & \text{当 } x \text{ 为有理数时}; \\ 0, & \text{当 } x \text{ 为无理数时}。 \end{cases}$$

它后来被称为"狄利克雷函数"。它具备函数的本质特征,即一个变量与另一个变量的对应,但它既不能表达成解析式,也无法在坐标系里画出来,甚至对自变量的某些值,函数该取何值竟也难以认定。

狄利克雷函数是函数概念发展中的一个重要里程碑。它的形式十分简单明了,却具有丰富的内涵,一下子就同时批判了当时函数概念中最主要的片面性认识。1837年,狄利克雷给出了现代最常用的函数定义。

微积分中最混乱和模糊不清的概念,莫过于"无穷小量"了。这个概念不得到澄清,其他一些概念也就无法澄清。从牛顿开始,似乎可以随心所欲地对待"无穷小量","呼之即来,挥之即去",使它罩上了一层"神秘"的迷雾。人们对微积分批评得最多的就是这个概念。

明确地用极限理论揭示无穷小量的性质,进而严格地定义函数的连续、导数、积分等基本概念,对重建微积分基础作出了主要贡献的数学家,首先是法国的柯西(1789—1857)。

柯 西

柯西是在穷乡僻壤长大的。少年柯西长得很瘦弱,然而瘦弱的身躯里却蕴含着求知的旺盛热情。1805年,16岁的柯西考进了巴黎多科工艺学校,为成为一名土木工程师而接受系统严格的科学训练。他的数学才能受到了大数学家拉格朗日和拉普拉斯的赏识,他们都热情鼓励这个勤奋好学的青年献身于科学。拉格朗日还特别提醒柯西的父亲,要让柯西接受坚实的文学教育,使他知道"怎样写自己的语言"。

巴黎多科工艺学校把柯西培养成一名优秀的土木工程师,但他很快就以卓越的数学才能崭露头角。1815年,他的一篇数学论文获得了巴黎科学院的奖金。1816年,27岁的柯西成了母校的数学教授和巴黎科学院的成员。

1821—1829年,柯西先后发表了《代数分析教程》《无穷小分析教程概论》和《微分计算教程》三部现代微积分理论的奠基之作。无穷小量被柯西定义为极限为0的变量。关于变量极限存在的充分必要条件,柯西给出了一个完备的结论,被称为"柯西收敛原理",成为极限理论的基本定理之一。

用现代的观点来看,这三部关于微积分基础的著作中仍有不够严密的地方,但是,与18世纪的状况相比,它们反映出19世纪在微积分严密化方向上明显的进步。今天,每一个学习了微积分的学生,都能体会到柯西对发展这门学科所起的重大历史作用,并对他心生敬意。

柯西活了68岁。当初拉格朗日具有远见的劝告产生了效果,柯西在一生中用"自己的语言"写下700多篇数学论文,几乎涉及当时数学的一切分支,他甚至还写过诗歌方面的作品,成为历史上最多产的数学家之一。

另一位对重建微积分基础作出了主要贡献的数学家,是德国的魏尔斯特拉斯(1815—1897)。

魏尔斯特拉斯在大学学的是法律,毕业以后,在小城镇的中学当了十几年写作课和体育课的教师。在大学时代,他的兴趣就转向了数学。在当中学教师的那段时间,他在与数学界没有接触的情况下,利用工作之余刻苦地进行数学研究。他在微积分严密化方面改进了柯西、波尔察诺(1781—1848,捷克数学家)等人的工作,在分析学这个领域里取得了一系列重要成果。

魏尔斯特拉斯

在柯西的极限定义中,用的是描述性的语言,仍然不很严密,魏尔斯特拉斯用一套"$\varepsilon - N$""$\varepsilon - \delta$"语言给出了算术化的极限定义。这套语言,已经成了现代微积分的标准语言。他对极限理论中重要定理的证明,严谨而漂亮,具有他那个时代和他个人的鲜明风格。

魏尔斯特拉斯是一个埋头苦干的人。他在业余数学研究中获得的成果很少发表,因此在很长一段时间里,很少有人知道他的工作。他所获得的很多结果,后来又有其他数学家得出并先于他发表,但魏尔斯特拉斯并不为优先权问题所困扰,一心一意地致力于更深入的研究。直到1853年,魏尔斯特拉斯的工作才开始受到重视,哥尼斯堡大学抢先授予他名誉博士学位。3年以后,这位中学教师被聘为柏林大学教授并入选柏林科学院。

柯西、魏尔斯特拉斯等人为重建微积分的严密基础所进行的研究,在科学界立即引起了巨大的轰动。

在一次科学会议上，柯西提出了无穷级数收敛性的理论，根据这种理论，无穷级数研究中的混乱可以得到澄清。拉普拉斯一开完会就赶紧跑回家中，把自己关在屋子里，仔细地重新审阅他的名著《天体力学》，直到查明书中用到的每一个级数都是收敛的，他才松了一口气。魏尔斯特拉斯的工作通过他在柏林大学的演讲而为人所知以后，影响更为显著，使得其他数学家一再修改自己的著作，改进书中的严密性。

和科学的每一次进步一样，微积分的严密化也不是马上就被人们普遍接受的，需要克服传统的惰性，也需要在实践中逐步证明自身的科学价值。当时关于"病态"函数①的研究，就遇到了十分强烈的非难。

自从发明微积分以来，数学家们普遍认为连续函数必定是可以求导数的（即"连续必可导"）。在深入考察函数性质的工作中，波尔察诺、黎曼、魏尔斯特拉斯等人精心构造了一些独特的函数，每个都具有一些反常的性质。魏尔斯特拉斯就曾对"连续必可导"给出一个反例：一个处处连续的函数却处处不可求导。这些"反常"的函数，在直观上简直是不可思议的，于是，就被一些数学家认为是"变态"的，是"逻辑怪物"，是"令人痛惜的祸害"，违反了公认的法则，破坏了18世纪古典数学"像在天堂里一样"的优美。有一位数学家这样说，如果牛顿和莱布尼茨想到过连续函数不一定有导数——而这却是一般情形——那么微分学就绝不会被创造出来。

在微积分中曾经有过的混乱，以及使微积分严密化的工作受到的种种非难，都已成为历史。当我们在现代的微积分教科书中，看到由一个个的定义、一串串的公式和定理编织成一个严谨、完整的理论体系的时候，当然不会忘记，这里面沉淀着3个世纪的数学家们的困惑、失败、追求和创造。

有趣的是，到了20世纪60年代，一位叫鲁宾逊的美国数理逻辑学家又

---

① 魏尔斯特拉斯构造出一个函数，它处处连续却处处不可导；黎曼也构造出一个函数，它在自变量的任一无理点连续而在任一有理点不连续。这类被讥为"病态"的函数，成功地推动了微积分严密化的研究。

执拗地把"无穷小"重新作为"数"（而不是如柯西所定义的"极限为0的变量"）请到微积分理论中来,建立起一门叫做"非标准分析"的数学分支。尽管人们对此褒贬不一,非标准分析学家们依然我行我素。不管它的历史命运如何,我们都可以得到这样的启示:如果把数学研究比作采掘一座矿井,那么,无论先行者们已经掘进了多深,后来者总是可以发现,井下的矿藏资源是永远不会枯竭的。

数系的一次"复归"

19 世纪重建微积分基础的最后一环,是实数理论的建立。

在这之前,数的概念早已由实数扩展到复数;实数的广泛使用,正是数学发展的基本前提之一。为什么迟至 19 世纪,还需要建立实数理论呢?这里所说的实数理论,究竟是怎么回事?

回顾一下人类关于数的概念的发展,对于搞清楚上面这些问题,理解人的认识在实践中螺旋式发展的规律,是很有益处的。

原始人类在一个相当长的时期没有学会记数,他们只是凭直觉大致地判断某类事物比另一类事物多些、少些,或者差不多。后来,原始人类采用一一配对的方法,学会了较精细地比较两类事物的多少。用小石子或绳结来记数,表明人类已经学会用固定的标记来反映各种事物的数量。又经过漫长的岁月,各种记数标记被语言和文字所代替,这才意味着人类关于数的概念脱离具体的物质形态而抽象出来了。

人类最初认识的数是自然数。后来,人们在分配和交换劳动产品的长期实践中,又产生了分数的概念。中国是最早认识负数的,不晚于公元前 1 世纪。最早认识到零也是一个具有运算性质的数,是 9 世纪的印度数学家。到这个时候,有理数系统才基本上完成。

$\sqrt{2}$ 一类的无理量,是古希腊人在几何学研究中发现的。但是,他们认为无理量只能作为几何上的量来理解,而不是一种独立存在的数。这种认识一直到 17 世纪晚期在欧洲还有很大的影响。古代东方民族（如中国、印度）并不认为使用无理数有什么概念上的困难，因此像使用有理数一样地使用无理数。

到 19 世纪时，实数和复数都已得到了自由的使用。但是，数学家们也越来越紧迫地认识到，仅仅满足于对这些数的直观了解，而对它们精确的逻辑结构缺乏清晰的认识，已经妨碍着数学理论的进一步发展。

非欧几何的出现，已经说明把几何建立在依赖直观的基础上是靠不住的；而致力于建立微积分严密基础的数学家们，发现依赖于对实数的直观了解，往往也靠不住。

我们知道，实数与直线上的点是一一对应的，具体地说，建立一条数轴，每一个实数都可以用数轴上的一个点表示，数轴上的每一个点都表示一个实数。因此，从直观上看，实数的连续性，就是直线的连续性。

那么，什么是直线的连续性呢？过去人们认为，所谓连续，就是任何两个点之间必定存在一个另外的点。这样一来，直线就全被这些点"占满"了。很容易证明，任何两个有理点之间都必定存在另一个有理点。这样，能不能说有理数也具有连续性呢？

不能。事实上，尽管有理点在直线上分布得十分拥挤，仍然留下了很大的缝隙，让无理点挤进缝隙以后，才把直线占满。

有理点十分拥挤的这样一种性质，只能叫稠密性。然而，由于当时的一些数学家从直观上把数的稠密性与连续性混为一谈，以至像波尔察诺这样对微积分的严密性做了重要工作的数学家，在某些重要的数学证明中也出了错。这说明，要弄清实数的连续性，就需要严密地考察它的逻辑结构。

19 世纪下半叶，微积分的严密化已经进行到相当程度，建立实数系的逻辑结构，条件基本成熟了。这项工作最主要的理论困难是如何逻辑地定义无理数。在 19 世纪 70 年代，德国的三位数学家——魏尔斯特拉斯、康托尔和戴德金（1831—1916），几乎同时提出了各自的实数理论。他们都是从有理数出发，逻辑地定义出无理数，进而建立起整个实数系的性质。

这三位数学家提出的实数理论中,对无理数的逻辑处理最有特色的,是有理数的"戴德金分割"。

戴德金分割大体上是这样做的:先假定在数轴上有理数都已经分布好了,现在我们把数轴分割成上下两段(图中右面的那段称上段,左面的那段称下段)。那么,只会出现下面三种情形之一:要么是上段有一个最小的有理数,则下段不会有最大的有理数;要么是下段一个最大的有理数,则上段不会有最小的有

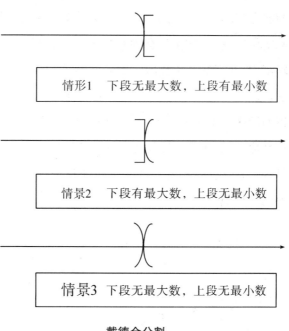

情形1 下段无最大数,上段有最小数

情景2 下段有最大数,上段无最小数

情景3 下段无最大数,上段无最小数

戴德金分割

理数;要么是上段既没有最小的有理数,下段也没有最大的有理数。在逻辑上本来还有第四种情形:上段有一个最小的有理数,同时下段有一个最大的有理数。但根据有理数的稠密性,第四种情形是不可能存在的。

通过前两种分割,都可以唯一地确定一个有理数:第一种情形确定的是上段那个最小的有理数,第二种情形确定的是下段那个最大的有理数。事实上,数轴就是在这个确定的有理点被分割为两段的,而在第三种情形下呢?它确定不了任何有理数,换句话说,产生分割的那个点不是一个有理点。是个什么点呢?是个无理点。于是,第三种分割就唯一地确定了一个无理数。

无论哪一种分割,它总唯一地确定了一个实数。又由于戴德金分割只会产生这里所说的三种情形,因此,数轴上除了实数,不会再有别的什么数。这也就是说,直线上的数系是一个完备的实数系。

人类关于数的概念是由自然数扩充到有理数,继而扩充了无理数而完成实数系,再继而扩充到复数的。19世纪的数学家们做了向这一历史过程的起点"复归"的工作:最先建立起复数的逻辑结构(从实数出发),继而建立起实数的逻辑结构(从有理数出发定义无理数),最后又建立起自然数的逻辑结构,并且从自然数出发定义出整数,再定义出有理数。这是人类对于数的认识的一次循环。但它不是重复,而是发展,是达到了更高的抽象,是认识的深化。正如毛泽东在《实践论》中指出的:"实践、认识、再实践、再认识,这种形式,循环往复以至无穷,而实践和认识之每一循环的内容,都比较地进到了高一级的程度。这就是辩证唯物论的全部认识论,这就是辩证唯物论的知行统一观。"

奇特的无穷大世界

在旅游旺季，一家旅店所有的房间都住满了客人。这时，又有一位旅客来这儿投宿，旅店经理抱歉地说："对不起，我们这儿已经客满，只好请您另找一家旅店。"

类似这样的事情，在我们日常生活中是司空见惯的。

现在，让我们把这家旅店搬到数学的无穷大世界。

在那里，这家旅店设了无穷多个房间，所有的房间也都客满了，这时也有一位旅客来投宿。旅店经理彬彬有礼地说："好，请您稍等片刻。"他立即通知服务员调整房间，让 1 号房间的旅客移到 2 号房间，2 号房间的旅客移到 3 号房间……n 号房间的旅客移到 $(n+1)$ 号房间……于是，新来的旅客就住进了已经腾出来的 1 号房间。

过不多久，又来了一个庞大的旅游团，它有无穷多位团员，也要在这家旅店投宿。旅店经理依然笑容可掬地说："没问题，可以安排。"他让 1 号房间的旅客移到 2 号房间，2 号房间的旅客移到 4 号房间，3 号房间的旅客移到 6 号房间……n 号房间的旅客移到 $2n$ 号房间……现在，所有的单号房间都空出来了，新来的无穷多位客人可以住进去了。

听了这个故事，你会不会觉得这是个不可思议的"天方夜谭"呢？

在现实世界里，当然找不到一家设有无穷多个房间的大旅店，也从没见过有无穷多个团员的超级旅游团。这个故事只会发生在数学的无穷大世界。它形象地说明,在无穷大世界里,具有与普通算术中大不一样的另一类奇特的性质。

上面的故事,据说是德国数学家希尔伯特讲的。但最先发现无穷大世界奇特性质的,是另一位德国数学家康托尔(1845—1918)。他是在研究无穷集合的时候发现这类奇特性质的。

集合,已经成为现代数学中最基本、最重要的概念之一,康托尔是集合论的创始人。他在柏林大学求学时,受数学家魏尔斯特拉斯的影响,由学工程转到研究数学,24岁时成为哈雷大学的讲师。

康托尔对无穷集合的研究,产生于建立实数理论的需要。

康托尔

实数的全体是一个集合,叫实数集,它是一个无穷集合;有理数的全体是一个集合,叫有理数集,它也是一个无穷集合。上一篇已经介绍,实数集具有连续性,有理数集只具有稠密性,这两个无穷集合的性质是很不相同的。

怎样清晰地区分具有不同性质的无穷集合呢? 康托尔深入地研究了这一类问题。29岁那年,他发表了关于无穷集合理论的第一篇革命性论文,之后又就集合论发表了一系列重要论文。

康托尔指出,无穷集合具有一种异常的性质,整体可以和部分一样多!

这是怎么回事?

对于有限的集合,我们可以一个一个地数,来确定集合里的元素的多少。比如,不大于10的自然数组成一个集合,它的元素是1,2,3,4,5,6,7,8,9,10十个自然数;不大于10的偶数也组成一个集合,它的元素是2,4,6,8,10五个偶数。显然,后一个集合是前一个集合的一部分,这两个集合的元素个数不一样,部分是少于整体的。

无穷集合既然有无穷多个元素,一个一个地数是永远数不清的,又该怎样比较两个无穷集合元素的多少呢?

让我们回想一下,当原始人还没有学会计数的时候,他们曾经用一一配对的办法来比较两类事物的多少。如果两类事物正好一个对一个地全部配成对,在数学上就叫建立了一一对应。有一一对应关系的两类事物是一样多的。

为了比较两个无穷集合元素的多少,康托尔重复了原始人的做法。例如,全体奇数和全体偶数之间可以建立如下的一一对应:

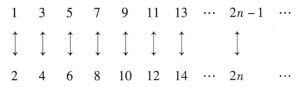

由这种对应关系,我们清楚地看出偶数和奇数正好一样多。

可是,我们也可以建立起如下的一一对应:

$$1 \quad 2 \quad 3 \quad 4 \quad 5 \quad 6 \quad 7 \quad \cdots \quad n \quad \cdots$$
$$\updownarrow \quad \updownarrow \quad \updownarrow \quad \updownarrow \quad \updownarrow \quad \updownarrow \quad \updownarrow \quad \quad \updownarrow$$
$$2 \quad 4 \quad 6 \quad 8 \quad 10 \quad 12 \quad 14 \quad \cdots \quad 2n \quad \cdots$$

从而发现,所有的偶数竟与所有的自然数一样多,而前者看上去是后者的一部分!

明确了这样一种比较无穷集合元素多少的法则,我们就可以理解前面那个"无穷大旅店"的故事了。只要把每一个数都当作是该号数房间的房客,那么,按照上面第二种对应关系表,就能把旅店中所有的老房客都安排进偶数号房间,从而把奇数号房间腾出来了,这样,也就可以再住进无穷多个新房客。

既然对于无穷集合,部分可以等于整体,那么,是不是所有无穷集合的元素都一样多呢?

有些无穷集合之间能建立一一对应,有些则不能。把全体自然数组成的自然数集拿来与实数集进行一一配对,无论怎么配法,总有实数多出来(这个结论是可以证明的)。这就说明,实数集的元素比自然数集的元素多。

　　康托尔把自然数集作为一类无穷集合的代表。这类无穷集合的元素可以一个跟一个地列成队,比如,自然数集的元素就可以 2 跟 1,3 跟 2,$\cdots$,n + 1 跟 n,这样一直跟下去。于是,康托尔把这类无穷集合称为可列无穷集合,简称可列集。用建立一一对应的方法,康托尔证明奇数集、偶数集、有理数集都是可列集。换句话说,这些无穷集合的元素都一样多。

　　除了可列集之外的无穷集合,可以统称为不可列集。在不可列集中,实数集又可以作为一类集合的代表。根据实数集具有连续性,康托尔把实数集又称为连续统。可以证明,1 厘米线段上的所有点的集合,10 公里电话线(把它仅看作几何线段)上的所有点的集合,直线上的点集,乃至 n 维空间上的点集,都属于连续统一类的不可列集。换句话说,这些无穷集合的元素一样多。

　　还可以找出比连续统的元素多的不可列集。

　　这么一来,该想个办法把无穷集合里元素的多少明确表示出来才好啊!

　　有限集合里元素的多少,是用有限数来表示的;无穷集合里元素的多少,就得用“超限数”来表示才行。世界上还没有这类数,于是康托尔就把它们创造出来。可列集的元素是无穷集合中最少的,康托尔用 $\aleph_0$(读作阿列夫零)来表示。在 $\aleph_0$ 之后的超限数,按从小到大排列,是 $\aleph_1$,$\aleph_2$,$\cdots$

　　表示连续统的元素多少的超限数,康托尔又特别地表示成 C。根据上面的分析,显然 $C > \aleph_0$。

　　还有没有元素的多少介于可列集与连续统之间的无穷集合呢?康托尔猜测,没有了。如果这个猜想成立,那么就有 $C = \aleph_0$。

　　这就是集合论中著名的“连续统假说”。

　　康托尔关于无穷集合和超限数的研究,对现代数学产生了极其巨大的影响。可是,他个人的遭遇却是十分不幸的。

　　康托尔深知自己的研究是违背传统的。他曾这样说过:“我十分清楚,在采取这样一步后,我把自己放到了关于无穷大的流行观点以及关于数的性质的公认的意见的对立面去了。”但是,他相信自己的研究是数学向前发展的必然结果,因此,他表示:"我希望在这样的情形下,把一些看起来是奇怪的思想引进我的论证中是可以理解的,或者,如有必要的话,是可以谅解的。"

康托尔的这些话说得多么诚恳啊!可惜,他发展数学理论的一片至诚之心并没有得到普遍的理解和谅解。对他的思想采取敌视态度最厉害的,是当时柏林大学的教授克罗内克(1823—1891)。这位教授是康托尔的老师、当时一位很有成就的数学权威,可是对那些他在数学上反对的人,他攻击起来则是十分刻薄和粗暴的。康托尔首当其冲,受到他的攻击竟达10年以上。康托尔希望到柏林大学任教的愿望,也由于克罗内克的阻挠而一直未能实现。在巨大的精神压力下,康托尔在1884年患了精神分裂症,研究工作被迫中断了几年。1918年,康托尔病逝于哈雷精神病研究所。

可是,真理只接受实践的检验,而不会听任权威的摆弄。康托尔的新理论很快就在数学的进一步发展中得到了重要应用,显示出它巨大的科学价值。著名数学家希尔伯特高度赞誉康托尔的理论是"数学思想的最惊人的产物","人类活动的最美的表现之一",并且坚定地宣称:"没有人能把我们从康托尔创造的乐园中赶走!"

当数学的历史进入到20世纪以后,人们普遍地认为,康托尔是对20世纪数学的发展影响最大的几个19世纪伟大数学家之一。

奇特的无穷大世界

人类智慧的胜利

代数、几何、数学分析（微积分），这是 3 个最基本的数学部门。19 世纪的数学家们，不仅复兴了几何学，重建了微积分基础，同时也在代数学领域内获得了巨大的发展。

远在 16 世纪，探求一元高次方程的求根公式。就已成为代数学中最引人瞩目的问题。当费拉里轻松地求出四次方程的求根公式后，人们曾非常乐观地估计，马上就可写出五次、六次，甚至更高次一元方程的求根公式了。然而，这个答案似乎近在咫尺的问题，却困扰了一代又一代的数学家。

300 年的时间过去了，尽管数学家们绞尽了脑汁，却没有取得丝毫进展。五次以上的高次方程的求根公式，依旧像一座坚固的堡垒，蛮横地挡在人们前进的道路上，用法国数学家拉格朗日的话说，它"是在向人类的智慧挑战"。

拉格朗日也是求根公式的热心探索者。他曾创造出一些新的研究方法，企图一举摧毁这座堡垒，可是，他的"新式武器"，对五次以下的方程是颇具威力的，对更高次的方程依旧无能为力。

拉格朗日也失败了。在痛苦的反省中，他终于悟出了他之所以失败的道理。原来，人们憧憬的高次方程求根公式，竟是海市蜃楼般的幻景，于是，拉格朗日大声疾呼：用代数运算解一般高次方程是不可能的！

这是一个明智的转变，此后，数学家的思路，就不再经常受到求根公式的愚弄了。

1824 年，也就是拉格朗日去世后 11 年，人类的智慧终于赢得了胜利。年轻的挪威数学家阿贝尔（1802—1829）异军突起，证实了拉格朗日的真知灼见。

阿贝尔

阿贝尔出生在挪威一个穷困的乡村牧师家庭。15岁时，在老师洪保（1795—1850）的耐心教育下，才激发起研究数学的强烈愿望。阿贝尔从 16 岁起，自学了许多当代名家的数学著作，开始认真研究高次方程的求根公式。有一次，他认为自己已经得到了这些公式，高兴得不得了。可是不久，他沮丧地发现，他的证明有一个不小的毛病。

阿贝尔继而刻苦钻研拉格朗日、高斯等人的著作，深入发掘前辈数学家的宝贵思想，终于创造出一套崭新的数学方法。运用这些方法，他证明一般五次以上的代数方程，它们的根式解法是不存在的。也就是说，除了特殊情况以外，对于五次以上的代数方程，不管你将它的系数组成什么样千奇百怪的根式，都绝对不会是这些方程的求根公式。

阿贝尔取得了巨大的突破，可是，由于这个伟大的发现是由一个默默无闻的年轻人作出的，竟然没能得到当时数学界的承认。阿贝尔起先将论文寄给高斯，由于未能引起高斯的重视，他失去了去格丁根的热情；接着，他又将论文呈送法国科学院，著名的数学家柯西和勒让德竟然宣称：这份手稿是不值一读的！柯西把论文搁置在一旁，不久就忘却了。

伟大的数学发现作出了，因为疏忽和偏见，它默默无闻地待在科学院的故纸堆中。阿贝尔为此四处奔波，不仅收效甚微，而且连一份合适的工作也没找到。1829 年，柏林大学聘请阿贝尔为教授，但他已在穷困和疾病的折磨下去世了，死时还不到 27 岁。在生前，他没有享受到他应当享有的巨大荣誉。

不过，阿贝尔没有彻底解决求根公式问题。为什么有些特殊高次方程的根能用根式表示呢？如何去精确地判断这类方程呢？阿贝尔曾打算作进一步的研究,但他未能实现自己的想法,转而去研究超越函数了。超越函数是人们很少认识的一类函数,其中有些函数最后是以阿贝尔的名字命名的。

科学的接力棒总会往下传的。就在阿贝尔去世的前一年,一位更年轻的数学家伽罗瓦(1811—1832),继承阿贝尔未竟的事业,完成了最后的冲刺。

伽罗瓦

伽罗瓦出生在法国巴黎附近的一个小村庄里。他是近代最伟大的数学家之一,也是历史上最年轻的著名数学家。他的成就比阿贝尔大,经历却比阿贝尔更为坎坷、悲惨,生命也更为短促。

1828 年,伽罗瓦还是一个中学生,他确信自己得到了重大的成果,于是把自己的观点写成论文,送交当时拥有许多第一流数学家的法国科学院审查。负责审查伽罗华论文的是柯西和泊松(1781—1840),柯西不相信一个中学生能够解决高次方程求根公式问题,这样,伽罗瓦的论文遭受到与阿贝尔论文同样的命运,被搁置在一旁。

1830 年,伽罗瓦将重写的论文再次送交法国科学院,这次是由著名数学家傅立叶主审,可是,62 岁的傅立叶就在那年去世了,伽罗瓦的论文再次给丢失了。

伽罗瓦的稿件一再被丢失的情况,引起了泊松的同情,他劝伽罗瓦再写一份。1831 年,泊松亲自审查了伽罗瓦的论文,4 个月的时间过去了,泊松仍然看不懂论文,他只好签署了自己的意见:完全不能理解。

要理解伽罗瓦的论文确非易事,因为其中蕴涵着许多崭新的数学方法。不过,既然连泊松这样著名的学者都难以弄懂,看来伽罗瓦应该把论文写得更通俗一些,可是,他没有时间了……

伽罗瓦在大学里是个激进的共和主义者,积极参加资产阶级革命活动,因而受到路易 - 菲利浦王朝的迫害。1831 年 5 月,伽罗瓦被捕了,获释后不久,他又因"莫须有"的罪名于 7 月 14 日再次被捕入狱。直到 1832 年春天,由于监狱里流行传染病,伽罗瓦才得以出狱,这时,他已被折磨得像一个 50

多岁的小老头了。

伽罗瓦出狱后不久,有个军官要求与伽罗瓦决斗。伽罗瓦意识到决斗可能带来怎样的结果。决斗前夕,他匆忙将自己的数学观点扼要地写在一张纸条上,请他的朋友转交给当时的大数学家们。伽罗瓦自豪地写道:"你可以公开请求雅可比或者高斯,不是对这些定理的真实性而是对其重要性表示意见。"

1832年5月31日凌晨,不满21岁的伽罗瓦含愤去世了,但是,他已把最珍贵的精神财富留给了人间。

1846年,法国数学家刘维尔(1809—1882)得到了伽罗瓦的手稿,将它们发表在自己创办的数学杂志上,并写了序言向数学界推荐,伽罗瓦的伟大数学创造才逐渐为人们所知道。[①] 在此之前5年,人们也已找到阿贝尔的手稿并公开发表了。

应用伽罗瓦理论,不仅一般高次方程求根公式问题得到了彻底的解决,而且阿贝尔定理、三大几何作图难题、高斯关于正多边形作图的定理等著名的数学难题,都成了明显的推论或者简单的练习题。人类的智慧再次显示了强大的威力。

更重要的是,伽罗瓦把一种称为"群"的新概念引入了代数学,从根本上改变了代数学的面貌,使得代数学研究的重心由方程转向代数结构,向着新的方向发展。19世纪末期,伽罗瓦开创的数学研究,形成了一个重要的数学分支——近世代数学,又叫抽象代数学。

在不合理的社会制度下,阿贝尔和伽罗瓦过早地离开了他们眷念的数学研究工作。他们的生命都很短促,像一闪即逝的流星,但是,他们发出的巨大光亮,却在人们的记忆中获得了永生。

183

---

① 1870年,法国数学家若尔当出版《论置换与代数方程》,全面介绍伽罗瓦的工作。伽罗瓦最主要的成就是用群论彻底解决了根式求解代数方程问题,并由此形成了一套关于群和域的新理论。

世纪更迭之际

1900 年 8 月，来自世界各国的 200 多位数学家在巴黎举行了第二届国际数学家代表大会。一篇题为《数学问题》的演说，使这届大会成为数学史上的一座重要里程碑，为 20 世纪数学的发展揭开了光辉的第一页。

8 月 8 日，大会开幕以后的第 3 天。这天上午，一位中等身材的中年人登上会议厅的讲台。也许是长期从事脑力劳动的缘故，他已经过早地秃顶了，前额显得格外开阔，高高的鼻梁上架着一副眼镜，清澈的蓝眼珠在镜片后面射出热情而坚定的光芒。

他用德语声调平缓地开始了演说：

"我们当中有谁不想揭开未来的帷幕，看一看在今后的世纪里我们这门科学发展的前景和奥秘呢？我们下一代的主要数学思潮将追求什么样的特殊目标？在广阔而丰富的数学思想领域，新世纪将会带来什么样的新方法和新成就？"

在这世纪更迭之际，这位演讲人对展现在面前的新世纪充满了热情的向往。然而，这时的数学已经成长为一棵分枝繁茂、覆荫广阔的大树，试图展望新世纪数学发展的方向、提出具有指导性的意见，是一桩多么困难的任务啊！由讲台上的这位演讲人担负这样的任务，再恰当不过的了。演讲人希尔伯特（1862—1943），早已成就卓著，在国际数学界赢得了广泛的尊敬和信赖。

希尔伯特出生于德国的哥尼斯堡。提起这座古老的城堡，人们就会联想到数学史上有名的"七桥问题"。这个问题虽然早已被欧拉解决，但是家乡人民探索数学奥秘的浓厚兴趣，想必也给童年时代的希尔伯特留下了深刻的印象。

希尔伯特

希尔伯特 8 岁开始上学。那个时候的学校，开设的大多是一些要求死记硬背的课程，数学和自然科学知识教得很少。希尔伯特学习很勤奋，尤其爱好数学，因为他觉得学习数学用不着死记硬背。他总是在课后认真消化老师讲的内容，把新概念理解清楚，达到关上书本，自己就能把书上讲的公式、定理推导出来的程度。希尔伯特在晚年曾经幽默地说："也许我从来就是被认为有健忘的特殊天赋。就因为这个缘故，我才研究数学的。"

1880 年秋季，希尔伯特带着品学兼优的评语考进了哥尼斯堡大学。他父亲希望他学法律，而他坚持自己的选择，报名学了数学，从此踏上了献身数学科学的艰苦道路。

20 年过去，弹指一挥间。当他登上巴黎国际数学家代表大会的讲台时，他的身份是德国格丁根大学的数学教授。在这 20 年里，希尔伯特一直站在数学研究的前沿，在当时最活跃的几个数学分支里都作出了第一流的成就；尤其是他在几何基础的研究中，系统地提出形式化的公理方法，引发了一场对现代数学的发展影响深远的"公理化运动"。他 1899 年出版的《几何学基础》，被公认为现代数学的一部经典著作。所以，巴黎代表大会的筹备机构在 1899 年底向希尔伯特发出一份邀请，请他在大会上作一个主要发言。

希尔伯特接到邀请以后，立即写信向他的两位老朋友征求意见。

他与这两位老朋友的真诚友谊，是在哥尼斯堡大学求学期间建立起来的。赫尔维茨（1859—1919）是一位年轻的副教授，闵可夫斯基（1864—1909）是比希尔伯特小两岁的犹太青年。就是这位闵可夫斯基，后来以一个天才数学家特有的洞察力，为爱因斯坦的相对论提供了四维时空的数学框架。当年，每天下午 5 点钟，3 个好朋友准时相会在校园的苹果树下，一边散步，一边热烈地讨论数学问题，这样的"数学散步"持续了 8 年，希尔伯特觉得自己从中学到了比待在教室或图书馆里死啃书本要多得多的东西。

对数学的热爱，使这三个好朋友在分别以后也依然心心相印。因此，希尔伯特在准备巴黎演说的时候，首先想到的就是征求老朋友的意见。本来，有很多课题可供希尔伯特选择，但他在闵可夫斯基的支持下，偏偏选择了展望新世纪数学发展方向这个最困难的课题。希尔伯特的演说稿写成以后，闵可夫斯基和赫尔维茨是最早的读者，并且对初稿的修改，甚至对发表演说的方式，都提出了十分中肯的意见。

希尔伯特巴黎演说的核心内容，是 23 个重要而困难的数学问题，其中包括著名的康托尔"连续统假设"，算术公理的相容性问题，数论中的黎曼猜想和哥德巴赫猜想等等。希尔伯特认为，这些问题是新世纪的数学家们应当努力解决的。他说：

"某类问题对于一般数学进展的深远意义以及它们在研究者个人的工作中所起的重要作用是不可否认的。……正如人类的每项事业都追求着确定的目标一样，数学研究也需要自己的问题。正是通过这些问题的解决，研究者锻炼其钢铁意志，发现新方法和新观点，达到更为广阔和自由的境界。"

19 世纪下半叶，德国数学家埃·杜波瓦－雷蒙的一句话曾经流行一时："我们无知，我们将永远无知！"在巴黎数学家代表大会的讲台上，希尔伯特站在数学家的科学立场，以一段激动人心的话对"不可知论"作出了断然的回答：

"在我们中间，常常听到这样的呼声：这里有一个数学问题，去找出它的答案！你能通过纯思维找到它，因为在数学中没有'不可知'。"

巴黎演说很快就在国际数学界引起了轰动。23 个数学问题，就像西方民间故事中的魔笛发出的甜蜜笛声，"诱惑了众多的老鼠"，跟着希尔伯特"跳进数学的深河"；对解决其中的任何一个问题作出贡献，都被认为是在数学家行列中取得了"荣誉等级"。

第一个跻身于"荣誉等级"的数学家，是希尔伯特的学生、当时年仅 22

岁的麦克思·戴恩,他在巴黎演说的当年就给出了第 3 问题的解答。迄今,巴黎演说中的 23 个问题,大约有一半已经获得解决,也还有几个问题仍在严峻地考验着数学家们的意志和智慧。我们大家都很熟悉的是,在摘取列入第 8 问题的哥德巴赫猜想这颗"皇冠上的宝石"的数学竞赛中,中国数学家走在了世界的前列。

1950 年,著名数学家魏尔(1885—1955)受美国数学会的委托,对 20 世纪上半叶的数学历史进行总结。他写道,完成这项任务可以很简单,只要依据希尔伯特巴黎演说中提出的问题,指出哪些问题已经解决、哪些问题已部分解决就够了——"这是一张航图",过去 50 年间,"我们数学家经常按照这张图来衡量我们的进步"。

魏尔说这段话的时候,希尔伯特已经去世 7 年了。

希尔伯特生命的最后几年是在纳粹法西斯统治的魔影下度过的。他以自己大半生的心血参与培植了举世瞩目的"格丁根学派",使格丁根成为当时全世界数学家争相"朝拜"的数学圣地。希尔伯特不仅是许多数学领域的开拓者,而且是一位最好的教师和领路人,以他热情正直、诲人不倦的高尚品格,赢得了同事和学生的尊敬和爱戴。希尔伯特的许多同事和学生是犹太人。希特勒上台以后,指挥纳粹党徒对犹太科学家进行疯狂的迫害,激起了希尔伯特强烈的义愤。他曾经愤怒地说:"德国人民不要很长时间就会认识希特勒的真面目,然后把他的脑袋丢进厕所!"可是,他的崇高声望并不能给那些优秀的犹太科学家提供保护,同事和学生中的犹太人被迫纷纷逃离德国。他早年最心爱的一名学生在逃离德国以后,仍然没有能从纳粹的魔爪下幸免于难。就这样,盛极一时的"格丁根学派"衰落了。

1943 年 2 月 14 日,81 岁的希尔伯特孤独地病逝在格丁根的寓所里。这个消息越过战云密布的欧洲战场传开以后,世界各国的数学家都崇敬地向这位老人遥致深切的悼念。

今天,数学的发展早已大大超越了巴黎演说所涉及的领域,生长出更多的分支学科和边缘学科。但是,洋溢在巴黎演说中的"希尔伯特精神",这位

187

数学大师对未来的热情召唤,依然鼓舞着今天和未来的数学家们继往开来,开拓前进:

　　数学的有机统一,是这门科学固有的特点,因为它是一切精确自然科学知识的基础。为了圆满实现这个崇高的目标,让新世纪给这门科学带来天才的大师和无数热忱的信徒吧!

数学基础的危机

一座巍峨壮丽的大厦拔地而起。步入大厦，拾级而上，你可以观赏到一间间厅堂里金碧辉煌、各具异彩的万千气象；可以领略到一处处庭院里云蒸霞蔚、曲径通幽的梦幻般美景；你也会看到，建筑工人们还在日日夜夜紧张地施工，仿佛要把这座大厦盖出九重天外……

突然，有人发现：大厦的基础出现了裂痕！

这时，大厦的建设者们，还有正在这里流连盘桓的观赏者们，会是一种什么心情啊！

20世纪刚刚开始的时候，正在拔节上升的数学大厦，就发生了这样的危机。

人们发现数学的基础上有裂痕，已经不是第一次了。就在刚刚过去的那个世纪，人们已经为修补和重建数学的基础作过两次重大的努力。

一次是在非欧几何诞生以后，人们这才发现，几千年来被奉若神明的欧氏几何，原来并非关于现实世界空间形式的绝对真理，把几何学建立在依赖直观感觉的基础上是不可靠的。经过数学家们半个多世纪的努力，希尔伯特在1899年完成《几何学基础》一书，提出了几何的形式化公理体系，并且最终把几何建立在算术理论的基础上（确切地说，是把公理化几何体系的无矛盾性建立在算术公理无矛盾性的基础上）。

另一次是重建微积分基础的工作。也是经过半个多世纪的努力，数学

189

家们才为微积分建立起有 3 个层次的梯级理论基础,上面一层是极限理论,中间一层是实数理论,最下层是集合论。

当 20 世纪的第一缕春光给数学大厦披上彩霞的时候,大厦的建设者们为 19 世纪重建数学基础的成就感到欢欣鼓舞,著名数学家庞加莱(1854—1912)在巴黎的数学家代表大会上宣布:"现在我们可以说,绝对的严密已经达到了。"当然,基础还须加固。希尔伯特在这次大会的著名演说中,把集合论中的"连续统假设"和算术公理的无矛盾性列在 23 个数学问题之首,期待着新世纪的数学家去解决它们。

然而,仅仅事隔两年,数学大厦就受到了一次强烈地震的冲击。人们再一次发现,大厦的基础出现了更大的裂痕,甚至有人认为,整个数学大厦的基石有崩塌的危险!

这次危机,是由"罗素悖论"引起的。

所谓"悖论",粗浅地说,就是一种在逻辑上自相矛盾的言论。悖论古已有之,无论中外,都曾有人兴致很高地研究过这类问题。我国古代关于一个卖矛又卖盾的人的寓言,说的就是一个有名的悖论。但是,这类悖论并没有对数学造成威胁。

这一次的悖论,是英国数学家和哲学家罗素(1872—1970)发现的。把它形象化,就成为一个"理发师悖论":

一个乡村理发师,声称他只替村子里所有那些不自己刮胡子的人刮胡子。这就发生了一个疑问:他替不替自己刮胡子呢?如果他不替自己刮胡子,那么按照他的声明,他就应当替自己刮胡子;可是如果他替自己刮胡子,那么同样按照他的声明,他又不应当替自己刮胡子。不论刮不刮,横竖都不对。这位理发师陷入了自相矛盾的窘困境地。

如果说"理发师悖论"不过像一则笑话,他只需撤销自己原来的声明,就可以从自相矛盾中解脱出来的话,那么"罗素悖论"就不是这么容易避开的了。"罗素悖论"是从已被数学家所公认的集合论中,按照数学家惯用的逻辑方法造出来的。

按照集合论的观点,任何确定的对象归在一起,就构成一个集合,构成集合的那些确定的对象,叫作这个集合的元素。所有的自然数构成一个自然数集合 **N**,1、2、3 等自然数都是 **N** 的元素。

集合可以按下面的方法分成两类:有一类集合,它本身不是自己的元素,例如自然数集合 **N** 当然不是一个自然数;有一类集合,它本身就是自己的元素,例如由一切建筑群组成的集合,还是建筑群,因此它本身也属于这个集合。

任何一个集合,应当都可以明确地判断出它或者是属于第一类,或者是属于第二类的,非此即彼。现在,我们就把所有属于第一类的集合归在一起,当然又构成一个集合,不妨把这个集合记成 A。

现在要问:A 这个集合属于哪一类?

如果 A 属于第一类,就是说,A 本身也是自己的元素,那么,它应当属于第二类;如果 A 属于第二类,那么 A 当然不能属于第一类。也就是说,A 本身不是自己的元素,而这样,根据第一类集合的定义,A 又应当属于第一类。

于是,A 这个集合就像那位理发师一样,被弄得无所适从了。

数学家刚刚把数学奠立在集合论的基础上,突然发现,集合论竟包含着"罗素悖论"这样的矛盾。被弄得无所适从的,与其说是悖论中的那个集合 A,不如说是正在数学大厦上施工的数学家们。著名数学家弗雷格(1848—1925)在他的《数学基础》第二卷后记里写道:"对一个科学家来说,最难过的事情莫过于:当他完成他的工作时,一块基石突然崩塌了。当本书的印刷接近完成时,罗素给我的一封信就使我陷入这样的境地。"希尔伯特指出:"必须承认,由于悖论的出现而造成的形势是难以忍受的。只要设想一下,每个人曾经学过、教过并在数学中加以应用的定义和演绎的方法,从来都被认为是真理和必然的典范,现在却导致了荒谬,如果连数学思维都是不可靠的,那还能到哪里找到真理和必然性呢?"

数学基础的危机,对 20 世纪初的数学家是一次严峻的挑战,但同时也就蕴含着数学理论取得突破性进展的可能。数学家们开始探索数学推理在什么情况下有效,什么情况下无效;数学命题在什么情况下具有真理性,什么情况下失灵,于是,就产生了一门新的数学分支——数学基础论。

数学家们对数学基础的研究存在很大的分歧,形成了三大流派:以罗素为代表的一派,主张把数学奠基在逻辑上,认为数学不过是逻辑的延展,他们被称为逻辑主义派;以布劳威尔(1881—1966)为代表的一派,认为数学的基础只能建立在构造性的程序上,他们的名言是"存在必须是被构造",被称为直觉主义派;还有一派叫形式主义派,人们通常把希尔伯特当成这一派的代表人物。希尔伯特主张把数学划归为各种形式公理系统,后来有人把希尔伯特的观点强调为:数学本身就是一堆没有内容的形式系统。

从本质上说,这三大流派有一个共同的弱点,就是在哲学上都陷入了唯心主义。尽管他们强调的观点各有不同,但都把数学看成是"纯理性思维的产物""自由选定的符号""纯粹心智的构造"等等,没有认识到数学的抽象仍然来源于客观物质世界,数学的对象是现实世界的空间形式和数量关系,是非常现实的材料。他们提出的修补数学基础的各种方案,都各有其片面性和不能贯彻到底的地方。

但是我们也应当看到,数学基础三大流派的研究工作,也都取得了不少积极成果,对20世纪数学的发展起了推动作用。一个直接的结果,就是推动了数理逻辑的巨大发展。

数理逻辑这门学科的历史可以追溯到莱布尼茨。一次较大的发展,是19世纪英国数学家布尔(1815—1864)提出了逻辑代数(也叫布尔代数)。而数理逻辑的全面跃进,是在三大流派的工作推动下实现的。这门学科使数学进入了逻辑学这门研究人类思维形式规律性的科学领域,它与计算技术、电子技术的结合,又带来了20世纪最重要的一次技术革命——电子计算机的诞生。

20世纪已经过去一大半了。当年"罗素悖论"给数学大厦造成的地震,并没有摧垮这座人类历经数千年创造出来的宏伟建筑,而是引出了一系列有意义的新创造。

今天,这座大厦的建设者们继续在日日夜夜紧张地劳动。基础仍然需要加固,楼层仍然还在升高……

偶然性与模糊性

在数学王国形形色色的常数中,π 是人类的老朋友了。在十分遥远的古代,人们在测量圆田的面积、计算陶器的容积时,就开始与 π 打交道。它真是无所不在——任何一个圆的周长与直径的比值都等于 π;它又是那么难以捉摸——直到 5 世纪中叶,才由我国数学家祖冲之把它限定在两个精确到小数点后 7 位的数值之间。据报道,现在有人用电子计算机把 π 求到了 10 万亿位小数①,当然仍然只是近似值。

从祖冲之运用"割圆术"求 π,到今天用电子计算机求 π,人们创造了许多求 π 的方法。你可知道,在这些方法中,有一种投掷小针的实验方法吗?

这个方法很简单。你可以找一根粗细很均匀的小针,然后在一张白纸上画许多平行线,每相邻两平行线间的距离,都等于针长的两倍。做好这些准备后,一次次地让小针从任意高处落到白纸上,记下掷针的次数(例如有 N 次)和针与平行线相交的次数(例如有 n 次)。耐心地多掷许多遍(一般来说,掷的次数越多越好),你就可以计算出 π 的近似值:$π≈N/n$。

这是什么道理呢?

掷针实验有两个特点。第一,对每一次实验,我们只能预言两种结果:针要么与平行线相交,要么不相交。至于到底会出现什么结果,是完全无法

193

①　2011 年 11 月 16 日,日本的藤茂用超级计算机将圆周率算到小数点后 10 万亿位。

预先断定的。第二,实验可以大量重复地进行。

我们过去研究的数学问题,都可以求出确定的结果。在匀速直线运动中,已知速度 v,我们可以求出经过时间 t 所运动的位移 $S = vt$;对于圆形,已知半径 r,我们可以求出面积 $A = \pi r^2$;甚至对天体的运行,天文学家们也能准确地预言何年何月哈雷彗星会重返太阳系,何年何月太阳系会九星联珠。这一类现象,我们统称为确定型现象。对这类现象,人类已经创造了许多强有力的数学工具。

可是,世界上还存在着一类不确定的现象。例如,随意让一枚硬币落到地上,你能断言一定是正面朝上吗?往一只口袋里装黑白围棋子各 a 粒,让你从中任意摸出 b 粒($b \le a$),你能肯定它们都是同色的吗?当你到一个新的班级去,你能肯定这个班上至少有一个同学和你生日相同吗?……在这些例子里,我们都不能预先知道确定的答案。这一类现象,称为随机型现象,它们都有与掷针实验相同的特点。

随机现象在每一次个别场合的结果,我们都不能预先确定,那么,数学对它是不是就无能为力了呢?

人们经过长期的实践发现,虽然随机现象在个别场合下的结果是不确定的,但在大量重复的情况下却表现出明显的规律性。比如,反复多次地投掷一枚硬币,就会发现正面朝上与背面朝上的情形大体各占一半。一般来说,如果某一随机现象重复试验的次数是 N,其中出现某种结果的次数是 n,那么在 N 相当大的情况下,频率 n/N 通常是在某个常数附近摆动。这种规律性叫作统计规律性。

在数学中,有一门分支是专门研究随机现象的数量规律的,这门分支就叫概率论。

早在 17 世纪中叶,人们就开始了概率论的研究,18—19 世纪,概率论取得了一定的进展。著名数学家帕斯卡、费马、雅科布·伯努利、拉普拉斯等,都对概率论的研究作出过贡献。

我们在前面提到的掷针实验,是法国科学家布丰(1707—1788)在 1777

年提出来的,因此掷针实验又叫布丰实验。概率论对布丰实验有这样的结果:如果针长为 l,每相邻两平行线间的距离为 a,当掷针次数 N 相当大时,针与平行线相交的次数 n 与 N 的比值(即针与平行线相交的频率)大约等于 $2l/\pi a$,即 $n/N \approx 2l/\pi a$。

于是可以得到 $\pi \approx 2lN/an$。

在本篇开头介绍的布丰实验中,$a = 2l$,所以 $\pi \approx N/n$。

1901 年,有个叫拉泽雷尼的人,用一根长度为 $5a/6$ 的针投掷了 3408 次,其中针与平行线相交 1808 次,于是求出 π 的实验值为 3.14159292。这个结果是相当精确的。

通过设计某种适当的随机试验,来确定某些我们感兴趣的量,这正反映了概率论奇特的风貌。

在 200 多年的概率论研究中,还得出了许多引人入胜的结果。就拿生日问题来说吧,利用概率论知识可以求出,在一个 50 人的班级中,至少有两个同学生日相同的可能性竟高达 97%。这就是说,有极大的可能,你会在某一天同时收到两个(甚至两个以上)同学的生日请帖;当然,这还得你与同学们都相处得很友好才行。

虽然概率论历史悠久,但独立的严谨的理论体系是在 20 世纪才建立起来的。在巴黎演说中,希尔伯特把建立概率论的公理化体系列入他的第 6 个问题。1933 年,年仅 30 岁的苏联数学家柯尔莫哥罗夫(1903—1987)提出了概率论的公理化系统。从那以后,概率论的理论研究得到了更大的发展,并且在科学技术、国民经济的许多领域都获得了广泛的重要应用,是数学的一个十分活跃的分支。1948 年,美国应用数学家香农(1916—2001)研究通信理论时,就是运用概率论建立起合适的数学模型,进而导出了关于信息量的香农公式。在此基础上,香农创立了成为现代信息科学理论基础的信息论。

数学由研究确定型现象扩大到也研究随机型现象,领域更广阔了。可是,数学家们偏偏一刻也不愿停止开拓,他们在继续搜寻,看还有没有什么现象逸出了数学的视野,果然又有了新的发现。1965 年,美国数学家查德

（1921— ）声称，有一种模糊型现象，就是数学还没有顾及过的。

什么是模糊型现象呢？

有个同学想把全班同学按高个子和矮个子分成两类。用数学的观点看，也就是要设定一个高个子同学的集合和一个不是高个子同学的集合。如果规定身高1.7米以上才算高个子，分类倒也不难。可是身高1.69米的同学有意见了："我只差1厘米，难道就变成了矮个子？"身高1.68米和身高1.67米的同学可能也会嚷起来："我们也只差那么一点点，乍一看上去很难分出高低，为什么我们就不能算高个子？"这下可好，数学中经典的集合论竟受到了质疑！主持分类的那个同学只好妥协，对身高接近1.7米的同学说："这样吧，把你们算作个子比较高的。"然而这么一来，个子高或比较高就变得界限模糊了。

其实，生活中的模糊型现象太多了。我们说话、想事，大量使用着模糊语言、模糊思维，却并不妨碍我们传达明确的信息，作出准确的判断。有时候，对精确性要求太高，反而让人无所适从。比方说，让你到邻班去找一个同学，如果把他的身高、体重、腰围等数据都一五一十地告诉你，你恐怕真的还没法找；但如果告诉你说，那个同学是"中等个子，白白净净的，脸胖乎乎的，老爱眯着眼睛"，结果你很快就能把他找到，而这里用的，就都是模糊概念。

针对这类模糊型现象，查德提出了"模糊集合"的理论，从而开创了模糊数学的研究。从那时起，模糊数学很快就在工程技术、生物学、医学、语言学、心理学、经济学，特别是在电子计算机和人工智能等方面，得到了重要的应用。

从研究确定型现象，到研究随机型和模糊型现象，数学真是"无孔不入"啊！

谁是布尔巴基

1939 年,巴黎的书店里出现了一部新书——《数学原本》第一卷,作者署名是尼古拉·布尔巴基。由于不久就爆发了第二次世界大战,这部书没有引起人们的注意。可是在随后的岁月里,《数学原本》几乎每年都有新的一卷出版,而且内容博大精深,体系新颖独特,这才受到了人们的重视。

可是,布尔巴基是谁呢?在法国数学界,人们从来没有听说过这个名字啊!

于是,一个个电话,一件件信函,接二连三地送到了印行《数学原本》的出版商那儿,人们纷纷慕名求见布尔巴基先生,希望一睹这位崭露头角的数学新星的风采。令人大惑不解的是,布尔巴基一直不肯露面,而出版商对布尔巴基的行踪也总是闪烁其词。布尔巴基成了一个踪迹难寻的神秘人物。

很多年以后,布尔巴基才终于拂去迷雾,露出真相。原来,法国数学界根本就没有布尔巴基这么一个人!

据说,在 100 多年前的拿破仑时代,有位将军叫布尔巴基。《数学原本》当然不可能是他写的。

现在写作《数学原本》的,不是一个人,而是一个集体,是一批立志振兴法国科学事业的青年人。也许是出于对法国大革命时代辉煌业绩的倾慕,他们采用了那位已故将军的名字作为集体的笔名。

布尔巴基的活动,早在 20 年代就已经开始了。当时,第一次世界大战给法国科学事业造成的灾难性破坏已经明显地表现出来。大战中,法国政府把青年科学家和大学生几乎全都赶上了前线,战后人们重新回到大学时,发现战时师生名册中,竟有 2/3 的名字加了黑框。1924 年,几个十八九岁的青年来到巴黎高等师范学校求学,站在讲台上给他们讲课的都是五十上下的老教师——中间差不多有两代人的空白;而许多老教师知道的只是他们在 20 多岁时所学到的数学,对当代数学的发展只有一些很模糊的观念。曾经有过光荣历史的法国数学落后了。这些年轻的大学生决心自觉地担负起继承法国优秀的数学传统、振兴法国数学的历史责任,于是,就组织了一个叫"布尔巴基"的集体。

布尔巴基的早期成员是一些在数学研究方面刚刚起步的年轻人,但是,他们雄心勃勃,志向远大,敢于走前人没有走过的路,做前人没有做过的事,决心用现代数学的观点整理全部数学,建立起一个统一的数学体系。

数学发展到 20 世纪,出现了更多的分支学科、边缘学科,数学的抽象程度也更高了。仅以 19 世纪末期才发展起来的抽象代数学为例,在几十年时间里,就出现了成百个专门化的新名词,足以编成一部厚厚的辞典。照这样发展下去,各个分支间的联系会不会日益削弱?数学会不会被分割得支离破碎?各有专业的数学家们会不会变得越来越难以相互理解?一个人还有可能了解这么庞杂的数学知识吗?这些问题,引起了许多人的忧虑。

幸好,数学分化成许多不同的分支,只是数学发展的一个方面,数学同时也在朝着高度整合的方向发展。分中有合,合中有分,这才是数学发展的辩证法。

早在 19 世纪下半叶,数学的整合发展问题就已经引起数学家的重视。1872 年,德国著名数学家和教育家克莱因(1849—1925)提出了著名的"埃尔兰根纲领",用一种叫作"群"的概念,把当时的几门几何学(射影几何学、仿射几何学、欧氏几何学、非欧几何学)统一起来。20 世纪初,希尔伯特在巴黎演说中坚定地指出:"数学科学是一个不可分割的有机整体,它的生命力在于各个部分之间的联系。……数学理论越是向前发展,它的结构就变得越调和一致，并且，这门科学一向相互隔绝的分支之间也会显露出原先意想不到的关系。"希尔伯特发起的公理化运动，以公理系统作为统一数学的基础。

布尔巴基从前辈数学家手里接过统一数学的接力棒。他们在继承公理化方法的基础上，提出了体现数学完整统一性的"结构"概念，把各个数学分支的基本概念细加剖析，拆成"零件"（各种结构），然后根据它们的结构特征和内在联系，经过整理归纳，安置在适当的结构系统之中。

这是一个宏大的计划，靠单个数学家的力量是很难完成的。然而布尔巴基是一个富有创造活力的集体，因此，他们的计划进行得很有成效。

布尔巴基的创造活力，首先在于他们坚持了一种别具一格的学术争鸣的传统。布尔巴基的成员们平时分散在各地，每年举行二三次聚会，在聚会上讨论、商定某本书或其中某几章的一个大致的写作计划，然后委派某个志愿者在会后撰写初稿。一两年以后，初稿提到聚会上审查，接受像排炮轰击似的批评。聚会上的学术讨论常常发展成火力很猛的争论，这时资历、年龄、声望，统统失去了优势，真理才是最高的权威，十八九岁的小伙子也敢于和闻名遐迩的权威人士争个面红耳赤，聚会厅里顿时闹腾得就像一座酒吧间。一场争论平息下来的时候，经过几年辛苦才写成的初稿往往已被批得体无完肤，甚至早已被作者本人撕成了碎片，而尖锐冲突的各方已经心平气和地取得了统一的意见，于是，再由新的志愿者去写第二稿。这样，一本书从开始写作到送去付印，往往要重写六七次。

布尔巴基的创造活力，也在于他们永远不知满足地积极学习各种新的数学知识。"你必须有适应一切数学的能力。"这句话反映了与他们统一数学的目标相一致的学习准则。成员们往往对委派给自己写作的课题并无专长，但都乐意接受，并努力完成。布尔巴基的发起人之一，后来成为国际知名数学家的迪厄多内(1906—1992)说："如果我不去履行起草我一无所知的课题的义务，不去尽力克服困难，我就不会在数学上做我目前所做工作的四分之一，甚至十分之一。"正是这种积极进取的精神，使得布尔巴基的成员们在集体的努力中充分发展着自己的聪明才智，不少人成了国际知名的数学

199

家,其中还有 3 人先后荣获了"数学界的诺贝尔奖"——菲尔兹奖①。

布尔巴基的创造活力,还在于它的成员在不断的流动中长久地保持了青年人的朝气。布尔巴基并没有什么成文的组织章程,成员来去自由。但是根据一条不成文的规定,它的成员一般只要超过 50 岁,就要自动退出前台,让位给青年人;而青年人要想成为布尔巴基的正式成员,他就必须表现出广博而扎实的数学素养,愿意学习自己专业以外的新知识,善于独立思考,尤其是经受得住布尔巴基聚会上猛烈炮火的考验。

从 20 年代起,布尔巴基已经存在了半个世纪以上,到 1971 年,他们已经出版了《数学原本》36 卷。这个以"结构主义"著称的学派,历经几代人的努力,统一全部数学的目标并没有完全实现,反映出他们的理论观点仍然有一定的局限性。但是,他们的工作对现代数学的发展产生的影响是巨大的,特别是他们坚持了如此长期而卓有成效的合作,在数学史上堪称楷模,给我们以极好的思想启迪。

1949 年,布尔巴基曾经充满乐观精神地说:"经过了 25 个世纪,数学家们已经有了改正错误的锻炼,从而看到他们的科学是更加丰富了,而不是更贫困了,这就使他们有权去安详地展望未来。"

展望未来,说不定有一天,在我们今天的青少年读者中,会产生出把目前的数学统一起来的新观点、新方法、新理论呢!

---

① 菲尔兹奖是国际数学家大会根据加拿大数学家菲尔兹的提议设立的。自 1936 年起,每 4 年(除因二次大战中断 14 年)在国际数学家大会上颁发给 40 岁以下有卓越贡献的年轻数学家,每次最多 4 人得奖,是最有影响的世界性数学奖。

为了消灭法西斯

1939 年 9 月 1 日凌晨,法西斯德国庞大的战争机器在飞机和坦克的轰鸣中,轧进了波兰领土——第二次世界大战全面爆发了。

德、意、日法西斯发动的第二次世界大战,给全人类造成了空前的浩劫。但是,历史的进程与战争发动者的意志正相反,全世界的反法西斯力量汇成了一股强大的洪流,从根本上改变了战争的性质。第二次世界大战以法西斯的侵略暴行开始,以反法西斯正义战争的伟大胜利而告结束。

在这次大战中,数学家成为一支重要的反法西斯力量。战争的爆发,搅乱了数学家们正常的工作秩序;反法西斯战争的需要,把大批有正义感的数学家召唤到为军事目的服务的岗位上来。新的需要,为数学的发展提供了新的动力,为消灭法西斯而斗争的崇高使命,激发了数学家们新的灵感。

1940 年 8 月,希特勒对英国发动了大规模的"空中闪电战",蝗群般的德军轰炸机一批又一批地飞越英吉利海峡,对英国的伦敦和其他城市倾泻大量的炸弹。可是,德军飞行员不止一次地发现,他们所轰炸的目标早已撤退一空,而英军隐蔽的高射炮群早已把炮口对准了他们机身上的卐徽记。德军最高统帅部怀疑,一定有英国的高级间谍潜入大本营窃取了德军的通信密码。他们万万没有想到,这个"高级间谍",是一位待在英国本土的数学家。

这位数学家叫图灵(1912—1954)。1936 年,他通过把人进行计算的过程分解成几种机械性的基本动作,设计出一种"理想计算机"。它后来成为现代通用数字计算机的理论模型,在计算机科学中以"图灵机"著称。当欧洲上空密布战争风云的时候,旅居美国的图灵回到自己的祖国,在英国外交部通信处的一个绝密机构从事破译密码的工作。与这项工作有关的绝密文件,至今还未由英国政府解密。据 20 世纪 70 年代才透露出来的一点信息,当年英国已采用"图灵机"的某些概念,制造了一种专用的密码破译机。人们认为,很可能这种密码破译机才是世界上最早的电子计算机。在这种密码破译机面前,德军的通信联络不再有机密可言。由于图灵对粉碎希特勒"空中闪电战"所作的重要贡献,他获得了英国政府颁发的最高功勋章。

战后,图灵参加了电子计算机的研制工作,但他的许多研究成果长期被英国政府保密。他的一些内部报告很久以后才陆续公开发表。人们从中发现,他的一些天才思想,至少要比同时代人早 20 多年。在目前方兴未艾的人工智能研究中,图灵的观点仍然是十分重要的研究课题。令人痛惜的是,这位天才的数学家,才 42 岁就过早地去世了,死因也还是个谜。

为粉碎希特勒对英国的"空中闪电战"作出贡献的,当然远不止图灵。当时,英国部署的大量新发明的雷达装置,必须配置能迅速传递和处理信息的系统,才能使防空部队有足够的时间做好反空袭准备。为此,英国军方组织了一个 OR 小组,成员中包括好几位数学家,担负设计快速、准确地传递和处理信息的防空雷达系统的任务。

此外,制订搜索德军潜艇的战术策略,规划合理调配和使用战争物资与人员的最佳方案,等等,也都是 OR 小组的研究课题。在这些研究中,发展出一种有效的 OR 数学方法。OR 是英文 operations research 的缩写,本意是指与军事行动有关的研究。译成中文就叫"运筹学"。

战后,运筹学发展成一门庞大的应用数学。它也不再只限于为军事目的服务,而是在社会生活的广大领域里都获得了有效的应用,并且成为一门蓬勃兴起的科学部门——系统科学的数学支柱。

在美国,动员数学家为军事目的服务的规模更大。1942 年,美国科学研究发展局决定成立应用数学小组(英文缩写 AMP),把全国最有才华的数学家都组织起来,帮助军方解决日益增多的数学问题。

具有历史讽刺意味的是,在这场反法西斯战争中,成绩最大的一个 AMP 小组的领导人,是一位遭受法西斯迫害而逃亡到美国的德国数学家。

犹太数学家库朗(1888—1972),是希尔伯特的学生,32 岁时成为德国格丁根大学的教授,后来一手创建了格丁根数学研究所。当希特勒煽起"排犹运动"的时候,他曾经天真地希望自己能得到幸免,留在德国"继续为国家服务"。可是,希特勒疯狂的排犹暴行,打碎了库朗的天真幻想,他不得不逃离祖国,到美国担任了纽约州立大学的教授。美国军方物色 AMP 小组人选时,有人担心库朗由于第一次世界大战中在德军中服

库 朗

过役而难以入选,但其他人立即态度坚决地说:"我们必须毫无保留地把库朗看作我们中的一员!"就这样,一位在自己的祖国被法西斯分子视为"异己"的数学家,在异国却被毫无保留地接纳为反法西斯力量的一员。

库朗领导了纽约州立大学的 AMP 小组。战争期间,他们出色地完成了100 多项研究课题。有一次,海军需要掌握日军大型军舰的航速等情报,以便制订布设水雷的正确方案,可是手头除了有一些敌舰的照片外,拿不出别的资料。AMP 小组仅仅依据这些照片,由舰首冲激水波张成的扇形,便推算出了敌舰的航速,计算结果十分准确。库朗领导的 AMP 小组在应用数学上的出色成就,为这个小组赢得了"库朗仓库"的美称。

在二次大战期间为数理统计学这门数学分支作出重大贡献的瓦尔德(1902—1950),也是一位从法西斯的魔爪下逃亡到美国的犹太人。

瓦尔德出生于罗马尼亚,后来到奥地利求学。1938 年,德军占领奥地利,把瓦尔德关进了集中营。美国人设法营救了他,他移居到了美国。1942年年底,哥伦比亚大学的 AMP 小组接受了一项研究任务,对一种空战的实弹试验方案作出评价。瓦尔德参加了这项研究,提出了一种叫作"序贯分析

203

法"的数理统计方法,既可以使实弹试验达到精度要求,又可以大大节省弹药和试验费用。这种方法提出来以后,被誉为 20 世纪 30 年来"最有威力的统计思想"。

运筹学也在战时的美国发展起来。和英国的情况一样,它也主要是在与军事行动有关的研究中,为了寻求合理调配物资、兵力、运输工具等战争资源的最优方案,制订作战的正确策略,提高设备的利用率等等而发展起来的。

运筹学的一个主要分支是线性规划。战前,已经有苏联的康托洛维奇(1912—1986)将这种方法应用于国民经济的计划管理,后来又应用于苏联卫国战争;美国在战时也将这种方法应用于军事目的。战争结束后,1947年,美国数学家丹齐格(1914—2005)对这种方法加以系统的理论总结,建立起线性规划这门分支学科。

对现代科学技术具有划时代意义的控制论和信息论,是两门在数学的应用中生长出来的边缘学科。它们虽然是在战后的 1948 年才问世,但是它们的诞生,也与第二次世界大战中为军事目的服务的研究有关,而这两门科学的奠基人——提

维 纳　　　　香 农

出控制论的维纳(1894—1964)和提出信息论的香农,都是反法西斯的积极斗士。深厚的数学功底和在战时从事科学研究及实际工作的丰富实践,使他们作出了卓越的科学贡献。

战争是人类社会的一个"怪物"。灾难伴随着光明,破坏伴随着进步。在反法西斯战争中,数学家们服从于战争目的,把研究的主要方向指向应用,从而使应用数学得到了空前的蓬勃发展,对战后的数学研究也产生了深远的影响。

第二次世界大战以后,世界的政治形势发生了翻天覆地的变化,人类的科学技术也面目一新,兴起了一场以电子计算机的广泛应用为主要标志的新的技术革命。

现代科技骄子

1981 年,美国宾夕法尼亚大学为自己的骄子——一台叫作 ENIAC 的电子计算机举办了一个别开生面的生日庆祝会:让 ENIAC 与最新式的电子计算机比赛。ENIAC 是一个占地 170 平方米、重达 30 吨的庞然大物,当年制造它曾经花费了近 50 万美元的巨资。当它在这个庆祝会上接受生日祝贺的时候,虽然不过 35 岁,但是在那个小巧玲珑、价值不过 500 美元的比赛对手面前,已经显得老态龙钟了。

比赛结束,新一代的计算机战胜了 ENIAC,人们为 35 年来电子计算机的飞速发展举杯欢呼。

ENIAC 不必为自己的逊色而沮丧。它实际上早在 1955 年就已经光荣引退,住进了“养老院”——波士顿博物馆。无论电子计算机发展到哪一代,ENIAC 都会感到自豪,因为它是公认的世界上第一台电子计算机。

ENIAC 是 1946 年问世的。

可是,如果要追溯计算机的历史,我们会在中国古老的珠算盘身上找到现代计算机的雏形。可以说,珠算盘就是一种最古老的计算机,并且已基本具备了现代计算机的主要结构特征:人拨动算盘珠,就是向算盘输入数据,并且存贮在算盘上,运算时,珠算口诀起着运算指令的作用,而算盘起着运算器的作用;运算的最后结果显示在算盘上,需要的话,也可以输出运算结果,把它抄录在纸上。整个工作过程的控制,是由人脑掌握的。现代的计算机,正是由存储器、运算器、控制器和输入、输出设备等"硬件"及运算指令系统等"软件"构成的。

发明一种高速、自动的计算机器,是人类好多世代的追求。在这种孜孜不倦的追求中,19世纪的英国数学家和管理学家巴贝奇(1792—1871)的贡献特别引人注目。1833年,他构思了一台分析机,在设计思想上和现代计算机已很接近。由于当时技术手段的局限,他耗费了自己的大部分资财也没有制造成功。

巴贝奇

电子技术在20世纪的发展,为电子计算机的诞生准备了技术基础。第二次世界大战中军事科学研究的需要,催生了这个现代科学技术的骄子。

1943年,苏联红军取得斯大林格勒保卫战的胜利,希特勒被迫转入战略防御,世界反法西斯战争出现了历史性的转折。就在这一年,美国阿伯丁试炮场和宾夕法尼亚大学莫尔电机系共同承担了为美国陆军计算弹道表的任务。任务紧迫而计算量相当繁重,每一张表都要计算几百条弹道,而计算一条弹道,需要一个熟练的计算员用一种模拟式的计算机花费20来个小时。这样的计算速度,怎么能跟得上战场形势的急剧变化呢?

这时,一份由莫尔电机系36岁的物理学家莫希莱和24岁的工程师埃克特合写的报告,由陆军军械部派出的联络官格尔斯坦中尉送到军械部的专家们面前。这是一份关于用电子管制造计算机的设想。听完格尔斯坦的简短说明,军械部的科学顾问、著名数学家维布伦(1880—1960)仰靠在坐椅上沉思了片刻,突然站起身来大声说道:"给格尔斯坦这笔经费!"一项在科学技术上具有划时代意义的研制工作很快就获准开始了。

负责研制第一台电子计算机的莫尔电机系小组,是一个人才结构合理、整体效能很高的科研集体。格尔斯坦中尉曾经在大学任过数学助理教授,很有数学素养,更具有出色的组织才能;莫希莱是物理学家,他提供了电子计算机的总体设计;埃克特担任总工程师,善于解决一系列困难、复杂的技术问题。在他们富有成效的合作和努力下,研制工作进展得很顺利。1946年年初,这台名叫"电子数值积分和计算机"、英文缩写为 ENIAC 的电子计算机投入了运行。它每秒钟运算 5000 次,比已有的继电器式计算机快 1000多倍。

后来,莫希莱和埃克特在回顾这段往事时指出,ENIAC 的部件没有一个不是在 10 年或 15 年以前就可以制造的,而 ENIAC 却没有早 10 年或 15 年就发明出来,一部分原因是那时还没有这种迫切的需要。他们十分肯定地说,如果他俩不去发明电子计算机,也会有其他人在大体上相同的时期把它发明出来。

ENIAC 的历史地位是不可低估的,但是从技术上看,它几乎还没有问世就已经落后了。

1944 年夏天,当 ENIAC 的研制工作正在顺利进行的时候,格尔斯坦在阿伯丁试炮场附近的一个火车站偶然遇见了冯·诺伊曼教授。

冯·诺伊曼

冯·诺伊曼(1903—1957)是一位出生于匈牙利的美籍数学家。他学识渊博,才智过人,科学足迹跨越数学、物理学、经济学等广阔的领域,是 20 世纪上半叶最杰出的数学大师之一。有人说:"如果按年代先后去探讨冯·诺伊曼的个人志向和学术成就,那就等于探讨了过去 30 年来科学发展史的概要。"第二次世界大战爆发以后,冯·诺伊曼的科学活动主要转向应用数学,参与了美国政府的许多重要军事科学计划。

1944 年,冯·诺伊曼正在参加第一颗原子弹的研制工作,面临繁重的计算。他曾经这样说:"我们需要完成的四则运算步骤恐怕要比人类迄今所做的全部计算还多。"因此,当他在与格尔斯坦的交谈中得知莫尔小组的工作以后,立即看出了这项工作的深远意义。他开始与莫尔小组密切合作,就改进电子计算机的设计广泛地交换意见。

这一年的 8 月到第二年的 6 月,在这 10 个月的合作中,一种崭新的、在电子计算机发展史上具有里程碑意义的设计思想,从这个富有创造性的研究集体中诞生出来,形成了"离散变量自动电子计算机"(英文缩写 EDVAC)设计方案。它是集体智慧的结晶,冯·诺伊曼在其中起了关键的作用。

EDVAC 方案对 ENIAC 的设计做了两项重大的改进:一是采用二进制,二是实行"存贮程序",把程序和数据一起存贮在计算机内,使计算机可以由一个程序指令自动进入下一个程序指令,实现计算机的自动计算。

在 ENIAC 正式运行之前,莫尔小组就按照改进后的设计思想,着手研制 EDVAC。后来,冯·诺伊曼又在普林斯顿高级研究所主持了一项实验性的计算机制造计划。这台设计方案更为完整和周详的计算机(它有很多名称:如 IAS 机、普林斯顿机、冯·诺伊曼机,等等),1952 年投入运行,把冯·诺伊曼的设计思想深深地烙记在现代计算机的基本设计之中。

从第一台电子计算机 ENIAC 问世至今的 40 多年中间,电子计算机已经更新了 4 代。第一代是电子管计算机,第二代是晶体管计算机,第三代是集成电路计算机,第四代是大规模集成电路计算机。具有较高人工智能的第五代计算机也在加紧研制。随着计算机更新换代,它的运算速度成百倍地增长,由每秒几千次、几万次激增到每秒上十亿次,用途也越来越广泛。巨型机在国防科学研究和国民经济管理中起着不可替代的作用,而微型机已经渗透到办公室、中小学以至家庭。在现代社会里,小学生就应当学习一些电子计算机的初步知识,而在 40 多年前,关于计算机的知识还是只有少数人掌握的高级机密。有人说,在现代社会生活中,没有哪一个领域看不见电子计算机的踪迹,如果一个人不懂得电子计算机的基本知识,就会在世界新的技术革命中成为一个"文盲"。这种说法是不算夸张的。

振兴五千年古国

欧洲数学从发源于 14 世纪的文艺复兴运动中获得生机活力而崛起,在 16 世纪以后取得了世界领先地位。曾经有过辉煌业绩的中国数学,在宋元四大家之后,发展速度却缓慢下来,到 16 世纪以后就明显地落伍了。

是中华民族突然失去了数学创造的才能吗?

是中国这块土地不适合近代和现代数学的生长吗?

都不是。

我国数学在 14 世纪以后发展缓慢以至落伍,既有着深刻的社会历史原因,也有我国古代数学体系本身的原因。封建制度的衰败而又顽固地压制生产方式和科学技术的进步,近代以来我国饱经内忧外患,是最主要的原因。

我国古代数学走的是一条不同于西方数学传统的独立发展道路。在注重实用、精于计算的总特征下,对数学原理和方法的研究也曾相当发达。可是,到明代以后,主要得到发展的是商业实用数学(包括珠算术),虽技巧娴熟,却内容浅显,高深的理论研究几乎已成绝响。而在欧洲,从 16—17 世纪开始,随着资本主义生产方式的兴起,数学进入了以变量数学为标志的近代数学时期。生产力的巨大发展,不仅在经济上冲破了地域和国家的疆界,把世界联成一个统一的市场,而且也推动数学融合各民族的精华形成一股世界性的潮流。在这种情形下,因袭我国传统的数学体系而闭关自守,就明显

209

地脱离了世界数学发展的主流。①

封建时代的有识之士，开始把目光投向国外，引进西方数学。明朝后期的著名科学家徐光启（1562 — 1633），是积极倡导引进西方数学的第一人。

徐光启出生于上海。家境衰落，他年轻时以教书谋生，35 岁时才考中举人，42 岁时中进士，晚年升任内阁大学士。当时，国内社会矛盾日益激化，东北的女真族贵族（即后来的清室）不断派兵骚扰内地，倭寇（古代称日本海盗）和来自欧洲的海盗商人也经常在我国东南沿海袭扰掠杀。面对内忧外患，徐光启主张革新政治，富国强兵。他不仅为官清廉，而且终身勤奋治学，重视科学研究，学识极为广博，对天

徐光启

文、数学、农业、水利、物理，都有很深的造诣。他为编写《农政全书》，曾"躬执耒耜之器，亲尝草木之味"，直接参加农业生产实践，并且"杂采众家"，"兼出独见"，使这部 50 多万字的农业科学著作具有很高的科学价值。

徐光启参与翻译的《几何原本》，是传入我国的第一部西方数学名著。这部中译本是徐光启与来华传教的意大利传教士利玛窦（1552—1610）合作翻译的。他们依据的拉丁文《几何原本》有 15 卷，从 1606 年秋开始翻译，到第二年 5 月，译出了前 6 卷。

作为引进西方数学的第一人，徐光启的翻译工作是在没有先例可以借鉴的特殊困难条件下进行的。他为此付出了创造性的劳动。我国古代，数学泛称为算术，从未明确地从中分出几何这门分支，因此也无"几何"这样一个数学名词。但在我国古代算书中，几何一词则比比皆是，如《九章算术》开卷第一题即是："今有田广十五步，从十六步。问为田几何。"从语义学角度讲，几何是一个疑问代词，即"多少"的意思。把"几何"作为一个中文数学名

---

① 宋元以后，明代理学也对科技发展造成一定的束缚。除程大位《算法统宗》将筹算发展为珠算之外，两百年间，我国不仅没有继承宋元数学，反而大量宋元数学著作散失。明末清初，西方传教士来华之时，中国古代数学正处于低潮时期。

词,专指研究空间形式的数学分支,这是徐光启的首创。此外,如点、线、面、钝角、锐角、三角形、四边形等中文数学名词,也都是徐光启首创,译义贴切,一直沿用至今。

利玛窦参加翻译《几何原本》的动机是"用数学来笼络中国的人心",译出 6 卷后,就不愿再译了。徐光启未能完成的《几何原本》后 9 卷的翻译,是在 200 多年以后,由清代数学家李善兰(1811—1882)接着完成的。

李善兰是我国 19 世纪最杰出的数学家。他从少年时代起就特别喜爱数学,研读了《九章算术》《测圆海镜》《四元玉鉴》等古代数学名著,到 30 岁以后已有很深的数学造诣,在继承古代数学传统的同时,又汲取西方数学知识,有不少独到的数学成就。晚年他担任北京同文馆算学总教习。

李善兰

李善兰最重要的数学著作有《方圆阐幽》《垛积比类》等。《垛积比类》研究的内容和方法属于现代组合数学的范围,取得了一些具有世界先进水平的成果,如"李善兰恒等式"等等,这本书在 20 世纪 30 年代开始引起国际数学界的瞩目,被认为是现代组合数学早期研究的一部杰作。李善兰运用我国传统数学的方法,创造了不同于西方微积分的"尖锥术",取得了一些相当于定积分的结果。他的这些成就说明,在我国传统数学中,并不乏发育现代数学的基因。

从 1852 年开始,李善兰到上海与英国人伟烈亚力(1815—1887)合作翻译西方数学著作,用 4 年时间译完《几何原本》后 9 卷,接着又翻译了《代数学》13 卷,《代微积拾级》18 卷等西方数学著作,还与英国传教士艾约瑟(1823—1905)合译了《圆锥曲线说》3 卷。

李善兰也是一位善于创造中文数学名词的大家。如代数学、微积分、方程、函数等许多数学名词,自李善兰译出后,一直沿用到现在。李善兰的中译本传到日本后,这些数学名词也一直被日本采用。

李善兰翻译的数学书中,最重要的是《代微积拾级》。这部书的英文原版叫《解析几何与微积分初步》,它是传入我国的第一部近代高等数学著作。

211

解析几何与微积分在西方诞生 200 年之后,终于跨进我们这个文明古国的国门。

李善兰进行这些翻译工作的时候,正值我国近代史上向西方学习的第一次高潮。第一次鸦片战争前后,林则徐、魏源等爱国志士为了富国强兵,提出"师夷长技以制夷"的口号,主张积极吸收西方科学知识。打那以后,"科学救国"的思想,几乎吸引过每一个爱国知识分子。"那时,求进步的中国人,只要是西方的新道理,什么书也看。向日本、英国、美国、法国、德国派遣留学生之多,达到了惊人的程度。国内废科举,兴学校,好像雨后春笋,努力学习西方。"

可是,大批的留学生学成回来了,大批的西方著作翻译、介绍进来了,"先生"(指西方资本主义列强)并不高兴"学生"独立自强,仍然老是侵略"学生",中国还是摆脱不了落后挨打的处境,国家的情况一天一天地变坏。

到 20 世纪 20—30 年代,我国已经有一批学贯中西的优秀数学家成为国际知名学者,他们立志"振兴五千年华夏古国",然而,内忧外患把他们"科学救国"的宏大抱负轰为齑粉。

在历史的泥泞中艰难地求索,先进的中国人或迟或早地接受了历史作出的唯一正确选择——

只有社会主义能够救中国!

也只有社会主义能够振兴中国数学。

在国土上耕耘

他从历史的深处走来。

经历了屈辱和苦难的洗礼,跨过了黑暗与光明的交界,他向着获得新生的东方故国,深情倾诉游子的衷肠:

"归去来兮!为了抉择真理,我们应当回去;为了国家民族,我们应当回去;为了为人民服务,我们也应当回去;就是为了个人出路,也应当早日回去,建立我们工作的基础,为我们伟大祖国的建设和发展而奋斗!"

这是在新中国诞生后的第一个初春,一位由美国万里回归祖国的数学家,在途经香港时给海外中国学子的公开信中的一段话。

这封公开信的作者,就是我国著名的数学家华罗庚(1910—1985)。

华罗庚的数学生涯,有着传奇般的色彩。他出身贫苦,少年失学,18 岁那年,一场可怕的瘟疫差点夺走他的生命,左腿留下了终身残疾。但是,穷苦不可夺志。在昏黄的菜油灯下,在凄厉的西北风口,华罗庚仅仅凭着手头的一本代数、一本几何和几十页残缺不全的微积分,勤奋自学,艰难进取,终于在 19 岁时发表了自己的第一篇数学论文。我国杰出的数学家和教育家熊庆来教授(1893—1969)慧眼识人才,把这位没有大学文凭的青年人接进了北京清华园。在此后短短四五年时间里,华罗庚就在数论方面

华罗庚

213

发表了一系列优秀论文,很快成了一位国际知名的学者。

华罗庚教授的数学生涯,同时也是我国老一辈数学家艰难曲折的科学道路的一个缩影。

这些老一辈数学家,都是扎根于中华民族五千年灿烂文化的深厚土壤,又广泛吸收了世界近、现代数学的精华而成长起来的。① 追怀祖国数学源远流长的传统和数千年兴旺发达的历史,他们感奋而自豪,面对近代以来落伍的状况,他们生发出凝重的历史使命感。从青少年时代起,他们就立志振兴祖国数学,为民族争光,为人民造福。可是,在旧中国,风雨如磐,山河破碎,政治腐败,百业凋敝,这些善良的学者幻想"科学救国",却是报国无门啊!

抗日战争期间,华罗庚在昆明西南联合大学任教授,菲薄的薪金竟连养家糊口都很困难,更谈不上有什么安定的工作条件了。他的名著《堆垒素数论》的手稿交到当时的中央研究院,却如同泥牛入海,乃至这部名著的第一个版本竟是由苏联科学院出版的俄文版。

我国另一位著名数学家苏步青(1902—2003),对微分几何的研究在世界上独树一帜,被誉为"东方第一个几何学家"。可是他花 10 年心血写成的《射影曲线概论》,国民政府教育部根本不给出版,他只好托人把手稿送往美国,一个美国同行竟趁机剽窃了他的成果。

中国之大,竟无力保护自己的科学家创造的科学成果!这些世界知名的数学家连"自救"尚不可得,"科学救国"又谈何容易啊!

1946 年秋天,华罗庚应美国普林斯顿大学魏尔教授的邀请前往美国。在此前后,还有很多优秀学者,包括一些富有才华的青年学子,也都不得不去国远游。临行前,华罗庚心情忧伤地对记者说:"如果不是不得已,绝不愿意出国。如果有那么一天,我们的梦想实现了,中国真正开始和平建设,我想科学绝不是太次要的问题,我们绝不能等待着真正需要科学的时候,再开

---

① 中国率先开设大学数学系的大学,有北京大学(1912)、南开大学(1920)、东南大学(1921)、北京师范大学(1922)、武汉大学(1922)、齐鲁大学(1923)、浙江大学(1923)、中山大学(1923)、清华大学(1926)等。

始研究科学。"

就这样,旧中国养不起自己的科学人才,他们只好飘零异国、神游故土了。

他们中间,有些人已在海外定居,几十年来,依然日夜梦魂牵绕着故国的黄土地,关心着祖国的科学事业。他们把一流的成果奉献给科学的圣坛,同时也以此证明着炎黄后裔的聪明才干。

华罗庚出国以后仅仅3年,中华人民共和国开国大典的隆隆礼炮就宣告了东方古国的新生。老一辈数学家们梦寐期求的"中国真正开始和平建设"的新时代开始了,"真正需要科学的时候"已经到来了。故国在深情地召唤海外游子,亲人在殷切地盼望骨肉同胞。

"科学没有国界,但科学家属于自己的祖国。"伟大的法国微生物学家巴斯德(1822—1895)的这句名言,不也是全世界千千万万正直的科学家终生恪守的信条?

"谁言寸草心,报得三春晖!"这首传唱千古的《游子吟》,不是一直澎湃于每个中华赤子的浓血之中?

归去来兮!"乃瞻衡宇,载欣载奔"。1950年初春,华罗庚毅然放弃了美国伊利诺伊大学终身教授的席位和优厚的工作、生活条件,回到了祖国。

其他许多流落海外的优秀学者,也都冲破重重阻隔,陆续归国。他们中间,有著名的地质学家李四光(1889—1971),系统科学家和火箭专家钱学森(1911—2009),还有一代数学宗师熊庆来,他是在滞留法国8年以后,在周恩来总理的亲自安排下,于1957年6月才回到祖国的。

在解放了的土地上耕耘,播下的每一滴心血和汗水都凝聚着赤子的忠诚。新中国的数学家,无论是老一辈的学者,还是他们培养出来的新秀,40年来,干出了一番多么伟大的事业啊!尽管在这中间,我国的建设也走过一些弯路,甚至出现了"文化大革命"那样的十年浩劫,但是,我国数学家毕竟还是迅速缩小了在过去几百年间形成的与世界数学发展主流的差距,在有些领域还取得了世界第一流水平的成就。

215

我们的数学家们，是在用他们的生命为发展祖国的数学事业而拼搏啊！

杨乐（1938—　）、张广厚（1937—1987），20 世纪 50 年代初还是脖子上围着红领巾的少先队员呢！20 世纪 60 年代，他们成为熊庆来的研究生，接过前辈亲手传过来的接力棒，冲上了世界数学研究的前沿。到 20 世纪 70 年代，他们就在函数论研究的一个尖端课题方面，取得了第一流水平的成果。20 世纪 80 年代，他们挑起了领导中国数学最高学术机构的重任。可是，在 1987 年元月，张广厚刚过 50 岁生日，就抱着"壮志未酬"的遗憾病逝了。

陈景润（1933—1996），在家乡解放的那一年还曾因为交不起学费而辍学。1956 年，华罗庚发现了这位正在厦门大学图书馆当管理员的数学人才，把他调进中国科学院数学研究所，亲自部署他向数论中的制高点冲锋。十年动乱中，他把自己关在一间 6 平方米的小房子里，顾不得心力衰竭，顽强地钻研"哥德巴赫猜想"①，终于在攀摘这颗"皇冠上的宝石"的国际竞赛中遥遥领先。

陆家羲（1935—1983），1983 年以前还是一位名不见经传的中学教师。新中国把他由一名工厂材料员培养成大学生，他用 26 年的几乎每一个夜晚和节假日，去攀登组合数学这门分支学科的高峰，用生命实践着新中国教给他的人生观——"最有效地为人类工作！"1983 年 3 月，国际组合数学的权威杂志《组合论》同时发表了他的 3 篇论文，国际著名组合数学专家赞誉"这是世界组合数学界 20 年来最重要的成果之一"。就在这一年 10 月 30 日夜晚，因为积久的劳累和疾病，47 岁的陆家羲心脏猝然停止了跳动。

多么壮丽的人生啊——为了中华民族的振兴！

何等豪迈的事业啊——在祖国的土地上耕耘！

在祖国的土地上耕耘，从 20 世纪 60 年代起，华罗庚教授以六七十岁的

---

① 哥德巴赫猜想：任何大于 4 的偶数都可表为两个质数的和。1919 年，挪威数学家布朗证明了任一大偶数都可表为两个奇质数因子不多于 9 个的整数的和，记为（9＋9）。1956 年，中国数学家王元证明了（3＋4），稍后证明了（3＋3）和（2＋3）；1962 年，潘承洞证明了（1＋5），王元证明了（1＋4）；1966 年，陈景润得出了（1＋2），1973 年发表了证明。

高龄,拖着一条病腿,在20年间行程20万公里,足迹遍及28个省、自治区、直辖市,把统筹法、优选法等数学方法推广到油田、车间、乡村……

在祖国的土地上耕耘,中国数学家的智慧凝结在遨游太空的人造卫星上,凝结在每秒亿次的巨型计算机里,凝结在国民经济宏观控制的数学模型中,凝结在一代接一代成长起来的科学新人身上……

1983年10月,华罗庚教授重游美国,接受了美国科学院外籍院士的荣誉称号。这是美国科学院120年历史里第一次把这个荣誉称号授予一位中国科学家。美国科学院院长在向华罗庚教授致赞词的时候说:"他是一个自学出身的人,但他教了千百万人民。"

是的,此时站在美国科学院讲台上的华罗庚教授,不再是一个孤身漂泊的游子,他代表着新中国数学界,他的身后是为振兴中华团结奋斗的10亿人民。他在人民的实践中建立起坚实的工作基础,他的业绩为我们树立了榜样。

1985年6月12日,华罗庚应邀在日本东京大学作学术报告,介绍我国自20世纪50年代以来在理论数学、应用数学和普及推广方面所做的工作。华罗庚讲道,曾经有位英国教授问他:"华教授肯定是百万富翁吧?"华罗庚回答说:"是的,我是亿万富翁。但是,钱不在我的口袋里。我为国家做些事感到精神上是充实的,是(精神上的)亿万富翁。"多么精彩的回答啊!这就是新中国数学事业开拓者的伟大情操!

然而,就在华罗庚作完报告,全场经久不绝的掌声还没有停息的时候,他突然从椅子上滑了下来。多年的心脏病发作了。当晚10时许,他的那颗为发展祖国数学事业而从来不辞劳苦的心脏停止了跳动。

一年以后,一只闪闪发亮的圆球上镌刻着华罗庚头像的金杯,摆在了全国少年的面前。全国22个城市的近150万少年,参加了首届"华罗庚金杯"少年数学邀请赛。

　　这只金杯,将把华罗庚爷爷"祖国中兴宏伟,死生甘愿同依"的崇高精神播撒在少年一代的心田,把他终生为之奋斗的祖国数学事业传到一代新人手中。

开拓中国数学创新之路[①]

    20 世纪 50 年代以后，一场以电子计算机的快速升级和广泛应用为标志的信息革命，在世界上悄然兴起。有战略眼光的数学家们，思考着一个重大的问题：在信息革命时代，数学将出现什么样的变化？

    从 20 世纪 70 年代开始，数学家吴文俊（1919—2017）形成了一个宏大的构想和坚定的信念：让数学机械化的思想之光普照数学的每一个角落。

    吴文俊提出这一构想之前，早已是一位成就卓著的国际知名数学家。他在 20 世纪 40 年代后期留学法国和 1951 年毅然回国后，提出了"吴示性类""吴示嵌类"和"吴公式"，成为拓扑学的基础性和经典性结果，因此于 1956 年与华罗庚、钱学森一起获得首届国家自然科学一等奖。

吴文俊

    吴文俊原本对中国古代数学研习不多。20 世纪 70 年代，他开始学习和研究中国数学史，才理解中国古代数学完全不是外国人所说的那么回事，是被严重漠视和轻视了。他站在把握世界数学全局的高度，对数学史正本清源，认为中国古代数学是以方程解法为中心的机械化算法体系，与西方数学

---

    ① 此文于 2012 年撰，发表于辽宁少年儿童出版社《彩图科学史话·数学》，2015 年版。

以定理证明为中心的公理化演绎体系,各有优长,交替成为世界数学发展的主流。计算机数学是算法的数学,机械化算法符合时代的精神和发展的要求。吴文俊把复兴中国古代数学机械化算法传统并融合西方数学体系的优长,作为新的出发点,义无反顾地走上了开创数学机械化研究的学术新路。

"数学机械化"这一名词,是美籍华裔数理逻辑学家王浩(1921—1995)最先提出来的。1958 年,他设计了几个计算机程序,利用早期的 IBM 计算机,仅用 3 分钟就自动证明了罗素和怀海德花 10 年心血写成的名著《数学原理》中所证明的 220 条逻辑命题,被国际学术界誉为"一拍击七蝇"。王浩提出在数学中推行这种机械化证法,"向机械化数学前进"。

早在 17 世纪,笛卡儿就提出过一个方案:任意问题都可以变成数学问题,任意数学问题都可以变成解方程组问题,任意一个复杂的方程组问题,都可以归结成解单个方程的问题;几何问题转化为方程求解,求得的解答又可表达成几何定理。但是,笛卡儿方案真要实行起来,主要的困难在于寻求任意多项式方程组的一般算法,这是西方数学长期没有解决的问题。中国古代数学把几何问题化归为方程求解的传统,与笛卡儿方案在方向上正相一致,而且中国古代方程解法发展到"四元术",朱世杰已经给出了解任意四元多项式方程组机械化算法的基本思路。中国古代和西方的这些宝贵数学遗产,给了吴文俊破解几何定理机器证明的灵感。他把几何定理的机器证明作为战略突破点,由此打开局面,逐步走上更一般更深层的数学机械化之路。

1977 年起,吴文俊发表一系列论著,建立了多项式方程组求解的"特征列法",给出了多元多项式组整序原理及零点结构定理,创立了初等几何定理证明的机械化方法,首次实现了高效的几何定理的机器证明。后来吴文俊把这些方法拓展到微分几何定理的机器证明,还给出了由开普勒定律推导牛顿定律、化学平衡问题与机器人问题的自动证明,显示了数学机械化的巨大效用。这些论著成为中国数学机械化研究的奠基之作,也是中国学派在国际数学机械化研究领域的扛鼎之作。①

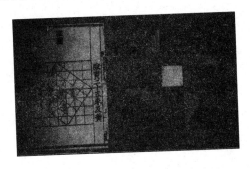

弦图

　　2002 年 8 月，第 24 届国际数学家大会在北京举行，会标是中国古代的
"弦图"。担任大会主席的吴文俊表达他的心愿说，中国传统数学濒于失传
并让位于西方现代数学，已有几个世纪之久了，现在到了复兴中国数学的紧
要关头，应该让中国先哲创立的机械化算法体系在数学领域再领风骚。

---

　　① 吴文俊因为"在拓扑学领域作出了奠基性贡献，在机器证明数学定理领域取得
了先驱性成绩"，获 2000 年（首届）国家科学技术奖。

历史向未来延伸

《数学五千年》的故事说到这里，可以结束了。

但是，数学发展的历史没有结束，它在向未来延伸。

未来的数学会是一种什么风采呢？

数学进入 20 世纪后，理论更加抽象，体系更加严谨，应用更加广泛，各门分支相互融合，相互渗透，错综复杂地交织在一起，导致新的数学分支如同喷泉般涌现。另一方面，伴随现代科学技术的飞速发展，数学正以前所未有的规模，向所有的科学领域大进军，不仅物理学、化学等学科仍在广泛地享用数学的成果，连那些过去很少使用数学的语言学、历史学、生物学、经济学……也都成了数学家们自由驰骋的疆场。各门科学的"数学化"，已成为现代科学发展的一大趋势。因此，一位著名数学家指出：数学将会变成一张结构精密细致、交织得错综复杂而又彼此紧密联系的网，为分析和理解世界上各种现象提供更有力的手段。

我们的青少年读者，将是新世纪数学的创造者。未来数学的风采，将由你们去装点，新的数学历史，将由你们来书写。

也许，到 2000 年的时候，也会在世界某一处科学会堂里，由一位数学家发表一篇才华横溢的演说（就像 1900 年希尔伯特站在巴黎大学的讲台上那样），对 21 世纪的数学进行历史性的总结，对新世纪的数学作出高瞻远瞩的展望。这样的数学家，一定是比希尔伯特更伟大的天才！

更有可能的是,这样一件继往开来的工作,将由 20 世纪与 21 世纪之交的整整一代数学家来完成。因为现代的数学活动已经大大地社会化了,群体的智慧,会创造出比历史上的阿基米德、牛顿、欧拉、高斯、希尔伯特、冯·诺伊曼等数学大师更辉煌的业绩。

我们相信,在这一激动人心的伟大工程中,一定会有今天的青少年读者们的贡献。到那个时候,如果有位科学家回忆他(或她)的青少年时代时,想起了这本《数学五千年》(虽然他或她读过那么多好书,想起这本小书的概率是极小的),说这本写得很粗糙的小册子也曾给过他(或她)有益的启迪,那就是这本书的作者最感快慰和荣幸的事了。

亲爱的青少年朋友,祝福你们!

历史向未来延伸

参考文献

[1]M.克莱因.古今数学思想[M].张理京,张锦炎,译.上海:上海科学技术出版社,1979.

[2]梁宗巨.世界数学史简编[M].沈阳:辽宁人民出版社,1980.

[3]钱宝琮.中国数学史[M].北京:科学出版社,1981.

[4]鲍尔加尔斯基.数学简史[M].潘德松,沈金钊,译.上海:知识出版社,1984.

[5]L.戈丁.数学概观[M].胡作玄,译.北京:科学出版社,1984.

[6]H.伊夫斯.数学史概论[M].欧阳绛,译.太原:山西人民出版社,1986.